高等职业教育机电类专业"十一五"规划教材

数字电子技术基础

主　编　李明杰　侯雅波
副主编　汪　涛　王立颖　高　萍

国防工业出版社

·北京·

内 容 简 介

　　本书内容包括脉冲和数字电路、数字电路的基础知识、组合逻辑电路、触发器、时序逻辑电路、存储器与可编程逻辑器件及数字电路的应用七部分。书中编写了较多工程应用实例和例题。每章之后有小结和思考练习题，书末附有模拟测试题，便于教学与自学。

　　本书可作为高职院校电子工程、通信、工业自动化、计算机应用技术、仪器仪表等专业的专业基础教材，也可作为相关专业技术人员的自学参考书。

图书在版编目(CIP)数据

数字电子技术基础/李明杰,侯雅波主编. —北京:国防
工业出版社,2010.6
高等职业教育机电类专业"十一五"规划教材
ISBN 978-7-118-06874-0

Ⅰ.①数… Ⅱ.①李…②侯… Ⅲ.①数字电路一电
子技术－高等学校:技术学校－教材 Ⅳ.①TN79

中国版本图书馆 CIP 数据核字(2010)第 097387 号

※

国防工业出版社 出版发行

(北京市海淀区紫竹院南路 23 号　邮政编码 100048)
天利华印刷装订有限公司印刷
新华书店经售
*
开本 787×1092　1/16　印张 9½　字数 213 千字
2010 年 6 月第 1 版第 1 次印刷　印数 1—4000 册　定价 22.00 元

(本书如有印装错误,我社负责调换)

国防书店:(010)68428422　　　发行邮购:(010)68414474
发行传真:(010)68411535　　　发行业务:(010)68472764

前　言

本书是根据国家培养高素质技能型专门人才的有关要求编写的,本书内容的基本理论以必需、适度、够用为原则,尽量减少数理论证,以掌握概念、突出应用、培养技能为教学重点。如脉冲和数字电路部分重点介绍了脉冲信号和数字电路的概念、特点、分类和学习方法,介绍了常用逻辑运算关系、函数表示方法以及逻辑代数的化简方法;组合逻辑电路主要介绍了常用组合逻辑电路的分析与设计方法;触发器、时序逻辑电路部分重点介绍了触发器的基本类型、工作原理与特点,讨论了常用时序逻辑电路的分析方法与应用;并在最后一章介绍了数字电路的具体应用。全书概念叙述清楚,深入浅出,通俗易懂。书中理论联系实际,编写了较多工程应用实例和例题。每章之后有小结和思考练习题,书末附有模拟测试题部分,便于教学与自学。

本书由李明杰、侯雅波任主编。李明杰编写第 1 章、第 2 章、第 3 章,侯雅波编写第 4 章,王立颖编写第 5 章,汪涛编写第 6 章,高萍编写第 7 章。在本书编写过程中,得到了白城职业技术学院、咸宁职业技术学院、辽宁警官高等专科学校等学校的大力支持,在此一并表示衷心的感谢!

由于时间仓促,编者水平有限,书中恐有一些疏漏、欠妥和错误之处,敬请读者批评指正。如有问题,请与张永生编辑联系,电子邮箱:zhangyongsheng100@163.com。

编　者

目　录

第 1 章 脉冲和数字电路

【学习目标】

1. 了解模拟信号与数字信号的概念。
2. 掌握脉冲信号的特点,了解常用脉冲信号的波形与参数。
3. 了解本门课程的学习方法。

1.1 脉冲信号和数字电路

脉冲与数字电子技术已经广泛地应用于电视、雷达、通信、电子计算机、自动控制、电子测量仪表、核物理、航天等各个领域。例如:在通信系统中,应用数字电子技术的数字通信系统,不仅比模拟通信系统抗干扰能力强、保密性好,而且还能应用电子计算机进行信息处理和控制,形成以计算机为中心的自动交换通信网;在测量仪表中,数字测量仪表不仅比模拟测量仪表精度高、测试功能强,而且还易实现测试的自动化和智能化。随着集成电路技术的发展,尤其是大规模和超大规模集成器件的发展,使得各种电子系统可靠性大大提高,设备的体积大大缩小,各种功能尤其是自动化和智能化程度大大提高。全世界正在经历一场数字化信息革命,即用0和1数字编码来表述和传输信息的一场革命。21世纪是信息数字化的时代,数字化是人类进入信息时代的必要条件。"数字逻辑设计"是数字技术的基础,是电子信息类各专业的主要技术基础课程之一。

自然界中有许多物理量是以模拟信号形式存在的。例如,时间、温度、压力、速度等,它们在时间和数值上都具有连续变化的特点,这种连续变化的物理量,习惯上称为模拟量。把表示模拟量的信号叫做模拟信号。例如,正弦变化的交流信号,它在某一瞬间的值可以是一个数值区间内的任何值。

还有一种物理量,它们在时间上和数量上是不连续的。它们的变化总是发生在一系列离散的瞬间,数量大小和每次的增减变化都是某一个最小单位的整数倍,而小于这个最小量单位的数值是没有物理意义的。例如,工厂中的生产只能在一些离散的瞬间完成产品,而且产品的个数也只能一个单位一个单位地增减。这一类物理量叫做数字量,把表示数字量的信号叫做数字信号,存在数字信号的电路叫做数字电路。

在数字电路中采用只有0、1两种数值组成的数字信号。一个0或一个1通常称为1bit,有时也将一个0或一个1的持续时间称为一拍。对于0和1可以用电位的低和高来表示,也可以用脉冲信号的无和有来表示。图1−1所示为数字信号1101110010的波形,高电平表示1、低电平表示0。

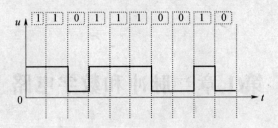

图 1-1　数字信号 1101110010 波形

1.2　脉冲信号的特点、波形与参数

1.2.1　脉冲信号的基本特点

人的脉搏是断续的、突然的跳动。脉冲这个词含有脉动和短促两层意思。开始,人们把两次作用间隔时间较长、而作用时间很短的电流或电压叫做脉冲电流或电压。现在,把一切具有突变性、周期性、非正弦波形的电流或电压信号统称为脉冲信号。脉冲信号是一种离散信号,形状多种多样,与普通模拟信号(如正弦波)相比,波形之间在时间轴不连续(波形与波形之间有明显的间隔)。最常见的脉冲波是矩形波(也就是方波)。脉冲信号可以用来表示信息,也可以用来作为载波,比如脉冲调制中的脉冲编码调制(PCM)、脉冲宽度调制(PWM)等,还可以作为各种数字电路、高性能芯片的时钟信号。

1.2.2　脉冲信号的波形与参数

脉冲信号的种类繁多,其常见波形如图 1-2 所示。

电子电路中的实际波形,并不像图 1-2 所示那么平直。图 1-3 是电路中的一种矩形波,以它为例,介绍其主要参数。

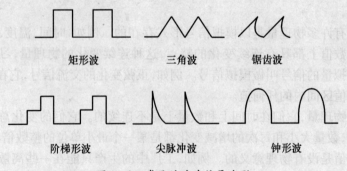

矩形波　　　　　三角波　　　　　锯齿波

阶梯形波　　　　尖脉冲波　　　　钟形波

图 1-2　常见的脉冲信号波形

(1)脉冲。指脉冲信号由静态值到峰值之间的变化量,也就是脉冲信号的最大值。若峰值大于静态值,为正脉冲;若峰值小于静态值,为负脉冲。

(2)脉冲上升时间 t_r。指脉冲信号从 $0.1U_m$ 上升到 $0.9U_m$ 所用的时间。脉冲上升时间也称脉冲前沿。

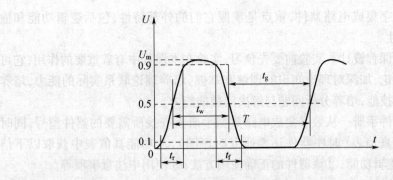

图 1-3　实际波形及参数

（3）脉冲下降时间 t_f。指脉冲信号从 $0.9U_m$ 下降到 $0.1U_m$ 所用的时间。脉冲下降时间也称脉冲后沿。

（4）脉冲宽度 t_w。指脉冲信号所持续的时间，即脉冲信号从脉冲前沿 $0.5U_m$ 处到脉冲后沿 $0.5U_m$ 处所用的时间。

（5）脉冲间隔 t_g。从上一个脉冲后沿 $0.5U_m$ 处到下一个脉冲前沿 $0.5U_m$ 处所用的时间。脉冲间隔也称脉冲休止期。

（6）脉冲周期 T。指两个相邻的同向脉冲信号上的对应点之间的间隔时间，且有 $T = t_w + t_g$。

（7）脉冲频率 f。脉冲周期的倒数就是脉冲频率，即 $f = 1/T$。脉冲频率的单位是赫（Hz）。

（8）空度系数 Q。指脉冲周期与脉冲宽度的比值，即 $Q = T/t_w$。当矩形波的 $Q = 2$ 时，称为方波。

1.3　数字电路的分类和学习方法

1.3.1　数字电路的分类

因为数字电路具有"逻辑思维"能力，所以数字电路又称为数字逻辑电路。数字电路通常分为两大类，即组合逻辑电路和时序逻辑电路。

组合逻辑电路在逻辑功能上的特点是任意时刻的输出仅仅取决于该时刻的输入，与电路原来的状态无关。

时序逻辑电路在逻辑功能上的特点是任意时刻的输出不仅取决于当时的输入信号，而且还取决于电路原来的状态，或者说，还与以前的输入有关。

1.3.2　数字电路的学习方法

本课程的重点是数字电路的基本概念、基本原理、分析方法、设计方法和实验调试方法。

（1）要掌握基本的原理和方法。只要掌握了基本的原理和方法，就可以分析给出的任何一种数字电路；也可以根据提出的任何一种逻辑功能，设计出相应的逻辑电路。

3

（2）对于各类数字集成电路器件，重点是掌握它们的外部特性，包括逻辑功能和输入、输出端的电气特性。

（3）重视实验和课程设计。实验前要先预习，实验在本课程中有着重要的作用，它可以帮助验证所学的理论，加深对理论知识的理解和掌握，培养理论联系实际的能力，培养实际动手能力及实验技能，培养分析问题与解决问题的能力。

（4）学会查阅器件手册。从数字集成电路数据手册上查找所需要的器件型号，同时研究所选器件的功能真值表（时序器件还要研究时序图），从功能真值表中获取以下信息：①该器件本身的逻辑功能；②该器件的正确使用方法；③使用中注意事项等。

本 章 小 结

本章通过对脉冲信号与数字电路的简单描述，分别介绍了数字信号与模拟信号的概念，同时也介绍了脉冲信号的主要参数。

模拟信号在时间和数值上有连续变化的特点；数字信号在时间和数值上变化不连续。

脉冲信号的主要参数有脉冲、脉冲上升时间 t_r、脉冲下降时间 t_f、脉冲宽度 t_w、脉冲间隔 t_g、脉冲周期 T、脉冲频率 f、空度系数 Q。

另外，通过本章的学习，大家还了解了学习本课程的基本方法，希望大家在今后的学习中，在此基础上不断地推陈出新，举一反三。

思考与练习题

1-1 数字信号与模拟信号各有什么特点。

1-2 举例介绍你所了解的脉冲信号。

第2章 数字电路的基础知识

【学习目标】

1. 了解数字电路的基本概念。
2. 掌握不同进制之间的转换。
3. 熟练掌握基本逻辑运算,熟练运用真值表、逻辑式、逻辑图来表示逻辑函数。
4. 理解并掌握逻辑代数的基本公式和基本规则。
5. 熟练掌握逻辑函数的公式化简法和卡诺图化简法。

2.1 数字电路概述

2.1.1 数字电路的基本概念

数字电子技术是现代工程技术的重要部分,是信息技术的基础。近几十年来,数字电子技术的飞跃发展给人们的日常生活带来了质的改变。

数字电路的工作信号是不连续变化的,其电路元件结构简单,易于集成化。可以采用逻辑代数、真值表、逻辑图等方法进行运算和分析。数字电路可以方便地对信息进行各种运算、处理,还可以模拟人脑进行逻辑判断与逻辑思维。

2.1.2 数制与编码

1. 数制

1)数的几种常用进制

数制就是计数的方式。日常生活中,常用十进制数来记录事件的多少。在数字电路及其系统中,主要使用二进制和十六进制。在某些场合有时也使用八进制。

(1)十进制(Decimal,D)。十进制是我们熟悉的计数体制。它用 $0 \sim 9$ 十个数字符号,按照一定的规律排列起来,表示数值的大小。例如:

$$1991 = 1 \times 10^3 + 9 \times 10^2 + 9 \times 10^1 + 1 \times 10^0$$

从这个四位十进制数不难发现十进制数的特点:

① 每一位有 $0 \sim 9$ 十个数码,所以它的计数基数为 10;

② 同一个数字符号在不同的数位代表的数值不同,各位 1 所表示的值称为该位的权,它是 10 的幂;

③ 低位数和相邻的高位数之间的进位关系是"逢十进一"。

所以,n 位十进制整数 $[M]_{10}$ 的表达式为

$$[M]_{10} = K_{n-1} \times 10^{n-1} + K_{n-2} \times 10^{n-2} + \cdots + K_1 \times 10^1 + K_0 \times 10^0 = \sum_{i=0}^{n-1} K_i \times 10^i$$

式中:K_i 为第 i 位的系数,它可以取 $0 \sim 9$ 十个数字符号中任意一个,10^i 为第 i 位的权。

（2）二进制（Binary,B）。二进制是在数字电路中应用最广的计数体制。它只有 0 和 1 两个数字符号,所以计数的基数为 2。各位数的权是 2 的幂,低位和相邻高位之间的进位关系是"逢二进一"。n 位二进制整数 $[M]_2$ 的表达式为

$$[M]_2 = K_{n-1} \times 2^{n-1} + K_{n-2} \times 2^{n-2} + \cdots + K_1 \times 2^1 + K_0 \times 2^0 = \sum_{i=0}^{n-1} K_i \times 2^i$$

式中:K_i 为第 i 位的系数,可取 0 和 1 中任意一个;2^i 为第 i 位的权。

二进制数只有两个数字符号,运算规则简单,在电路上实现起来也比较容易,所以数字系统广泛采用二进制。但是,数值大,需要二进制数位数会很多,既难记忆,又不便于读写。为此,在数字系统中,又常使用八进制和十六进制。

（3）八进制和十六进制。

① 八进制。在八进制数中,有 $0 \sim 7$ 八个数字符号,计数的基数为 8,低位和相邻高位间的关系是"逢八进一",各位数的权是 8 的幂。i 位八进制整数表达式为

$$[M]_8 = K_{n-1} \times 8^{n-1} + K_{n-2} \times 8^{n-2} + \cdots + K_1 \times 8^1 + K_0 \times 8^0 = \sum_{i=0}^{n-1} K_i \times 8^i$$

② 十六进制数。在十六进制数中,计数的基数为 16,有 16 个不同的数字符号:$0 \sim 9$,$A \sim F$。低位和相邻高位间的关系是"逢十六进一",各数位的权是 16 的幂。n 位十六进制数表达式为

$$[M]_{16} = K_{n-1} \times 16^{n-1} + K_{n-2} \times 16^{n-2} + \cdots + K_1 \times 16^1 + K_0 \times 16^0 = \sum_{i=0}^{n-1} K_i \times 16^i$$

例 2 – 1　求二位十六进制数 $[9E]_{16}$ 所对应的十进制数的值。

解:$[9E]_{16} = 9 \times 16^1 + 14 \times 16^0 = [158]_{10}$

可以看出,用八进制和十六进制表示同一数值,要比二进制简单得多,而二进制转换成八进制和十六进制十分方便,因此,编写计算机程序时,广泛使用八进制和十六进制。

2）不同进制数的相互转换

为了简单了解不同进制数间的转化规律,这里主要介绍它们整数的相互转换方法。

（1）二进制和其他进制数转换成十进制数。由二进制、八进制和十六进制的一般表达式可知,只要将它们按权展开,求各位数值之和,即可得到对应的十进制数。

例 2 – 2　试将八进制数 $[403]_8$ 转换成十进制数。

解:$[403]_8 = 4 \times 8^2 + 0 \times 8^1 + 3 \times 8^0 = [257]_{10}$

（2）十进制数转换成二进制数,见表 2 – 1。

表 2 – 1　十进制—二进制转换部分对照表

十 进 制	二 进 制
$1(2^0)$	1
$2(2^1)$	10
$4(2^2)$	100
$8(2^3)$	1000
$16(2^4)$	10000

十 进 制	二 进 制
$32(2^5)$	100000
$64(2^6)$	1000000
$128(2^7)$	10000000
$256(2^8)$	100000000
$512(2^9)$	1000000000
$1024(2^{10})$	10000000000

将十进制数转换为二进制数的方法是：连续除以 2，直到商为 0，每次所得到的余数从后向前排列即为转换后的二进制数。这种方法简称"除 2 逆取余法"。

按此方法，可用竖式除法表示转换过程。

例如：

$$
\begin{array}{r|l l}
2 & 11 & \cdots \text{余数} \\
2 & 5 & \cdots 1 \\
2 & 2 & \cdots 1 \\
2 & 1 & \cdots 0 \\
  & 0 & \cdots 1
\end{array}
$$

所以：$[11]_{10}=[1011]_2$。

（3）八进制、十六进制和二进制的相互转换。

① 八进制和二进制整数的相互转换。八进制的基数 $8=2^3$，所以，三位二进制数构成一位八进制数。若要将二进制整数转换成八进制数时，只要从最低位开始，按三位分组，不满三位者在前面加 0，每组以其对应八进制数字代替，再按原来顺序排列即为等值的八进制数。如果八进制整数转换成二进制数，只要将每位八进制数字写成对应的三位二进制数，再按原来的顺序排列起来即可，见表 2 - 2。

表 2 - 2　八进制—二进制转换对照表

八 进 制	二 进 制
0	000
1	001
2	010
3	011
4	100
5	101
6	110
7	111

7

例2-3 将$(110110110011011101)_2$转换为八进制数。

解：110　110　110　011　011　101

　　　6　　6　　6　　3　　3　　5

即：$(110110110011011101)_2 = (666335)_8$。

② 十六进制和二进制整数的相互转换。由于十六进制的基数$16 = 2^4$,所以四位二进制数对应一位十六进制数。按照上述转换步骤,只要将二进制数按四位分组,即可实现它们之间的转换,见表2-3。

表2-3　十六进制—二进制转换对照表

十六进制	二进制
0	0000
1	0001
2	0010
3	0011
4	0100
5	0101
6	0110
7	0111
8	1000
9	1001
A	1010
B	1011
C	1100
D	1101
E	1110
F	1111

例2-4 试将二进制数$[10110100111100]_2$转换成十六进制数。

解：$[10110100111100]_2 = [2D3C]_{16}$。

2. 编码

在数字系统中,由 0 和 1 组成的二进制数码不仅可以表示数值的大小,而且还可以用来表示特定的信息。这种具有特定含义的数码称为二进制代码。本书中常见的代码有二—十进制(Binary Coded Decimal Codes,BCD)码。

二—十进制码又称 BCD 码。它用四位二进制数组成一组代码,来表示 0~9 十个数字。而代码与代码之间则为十进制关系。因为四位二进制代码有 $2^4 = 16$ 种状态组合,从中取出十种组合表示 0~9 可以有多种方式,因此 BCD 码有多种。

1) 8421 码

这种代码每一位的权都是固定不变的,属于恒权代码。它和四位二进制数一样,从高位到低位各位的权分别是 8、4、2、1,故称为 8421 码。每个代码的各位数值之和就是它所

8

表示的十进制数。所以,它便于记忆,应用也比较普遍。

2) 2421 码和 5211 码

它们也属于恒权代码,从高位到低位的权分别是 2、4、2、1 和 5、2、1、1,故而得名。其中 2421 码又分为(A)和(B)两种代码,它们的编码状态不完全相同。在 2421(B)码中,0 和 9、1 和 8、2 和 7、3 和 6、4 和 5 互为反码,即两码对应位的取值相反。

3) 余 3 码

这种代码所组成的四位二进制数,正好比它代表的十进制数多 3,故称余 3 码。两个余 3 码相加时,其和要比对应表示的十进制数之和多 6。因而两个十进制数之和等于 10 时,两个对应余 3 码之和相当于四位二进制的 16,刚好产生进位信号,不必进行修正。另外,余 3 码的 0 和 9、1 和 8、2 和 7、3 和 6、4 和 5 也互为反码。余 3 码不能由各位二进制数的权来决定其代表的十进制数,故属于无权码。

表 2-4 列出几种常用的二—十进制码。

表 2-4   几种常用的二—十进制码

代码种类 十进制数	8421 码	2421(A)码	2421(B)码	5211 码	余 3 码
0	0000	0000	0000	0000	0011
1	0001	0001	0001	0001	0100
2	0010	0010	0010	0100	0101
3	0011	0011	0011	0101	0110
4	0100	0100	0100	0111	0111
5	0101	0101	1011	1000	1000
6	0110	0110	1100	1001	1001
7	0111	0111	1101	1100	1010
8	1000	1110	1110	1101	1011
9	1001	1111	1111	1111	1100
权	8421	2421	2421	5211	

2.2　逻　辑　运　算

在数字逻辑电路中,为了描述事物两种对立的逻辑状态,采用的是仅有两个取值的变量。这种变量称为逻辑变量。逻辑变量和普通代数变量一样,都是用字母表示。但是它又和普通代数变量有本质的区别:逻辑变量是用 1 位二进制数码的 0 和 1 表示一个事物的两种不同逻辑状态。

"逻辑"在这里是指事物间的因果关系。当两个二进制数码表示不同的逻辑状态时,它们之间可以按照指定的某种因果关系进行推理运算。我们将这种运算称为逻辑运算。

英国数学家乔治·布尔(George Boole)在 1847 年首先提出了进行逻辑运算的数学方法——布尔代数。后来,由于布尔代数被广泛用于解决开关电路和数字逻辑电路的分析与设计中,所以也将布尔代数称为逻辑代数。本节所讲的逻辑代数就是布尔代数在二值逻辑电路中的应用。

2.2.1 逻辑代数的基本逻辑运算

1. 与运算(逻辑与)

图 2-1 给出了指示灯的两开关串联控制电路。由图可知,只有 A 和 B 两个开关全都接通时,指示灯 Y 才会亮;如果有一个开关不接通,或两个开关均不接通,则指示灯不亮。由此例可以得到的逻辑关系如图 2-2 所示:只有决定事物结果(灯亮)的几个条件(开关 A 和 B 接通)同时满足时,结果才会发生。这种因果关系称为逻辑与,也叫与逻辑关系。

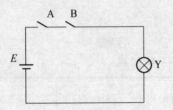

图 2-1 指示灯的两开关串联控制电路

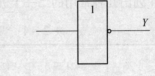

图 2-2 与逻辑关系符号

为了详细描述逻辑关系,常把"条件"和"结果"的各种可能性列成表格对应表示出来,表 2-5(a)为与逻辑关系表。如果用二值逻辑变量来表示上述关系,假设开关接通和灯亮均用 1 表示,开关不通(断)和灯不亮(灭)均用 0 表示,则可得到表 2-5(b)。这种用逻辑变量的真正取值反映逻辑关系的表格称为逻辑真值表,简称真值表。在逻辑代数中,把逻辑变量的直接逻辑与关系称作与运算,也叫逻辑乘法运算,并用符号"·"表示与。因此 A、B 和 Y 的与逻辑关系可写成

$$Y = A \cdot B$$

称为与逻辑表达式。

表 2-5 与逻辑关系与真值表

(a) 与逻辑关系表

开关 A	开关 B	灯 Y
断	断	灭
断	通	灭
通	断	灭
通	通	亮

(b) 与逻辑关系真值表

A	B	Y
0	0	0
0	1	0
1	0	0
1	1	1

与逻辑关系还可以用逻辑符号表示,如图 2-2 所示。

2. 或运算(逻辑或)

图 2-3 给出了指示灯的两开关并联控制电路。显而易见,只要任何一个开关(A 或 B)接通或两个均接通,指示灯 Y 都会亮;如果两个开关均不接通,则灯不亮。由此可以得

到另一种逻辑关系:在决定事物结果的几个条件中,只要满足一个或一个以上条件时,结果就会发生;否则结果不会发生。这种因果关系称为逻辑或,也叫或逻辑关系。

按照前述假设,用二值逻辑变量不难列出或逻辑关系的真值表,见表2-6。

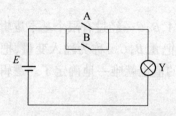

图2-3　指示灯的两开关并联控制电路

表2-6　或逻辑关系真值表

A	B	Y
0	0	0
0	1	1
1	0	1
1	1	1

逻辑变量直接逻辑或关系,称为或运算,也有叫做逻辑加法运算,并用符号"+"表示或。因此,A、B 和 Y 的逻辑关系表达式为

$$Y = A + B$$

或逻辑关系也可以用逻辑符号表示,如图2-4所示。

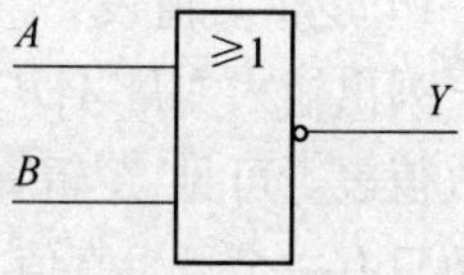

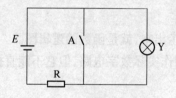

图2-4　或逻辑关系符号

3. 非运算(逻辑非)

由图2-5所示电路可知,当开关A接通时,指示灯 Y 不亮;而当开关A不接通时,指示灯亮。它所反映的逻辑关系是:当某一条件满足时,结果却不发生;而这一条件不满足时,结果才会发生。这种因果关系称为逻辑非,也叫非逻辑关系。

假设开关接通和灯亮均用1表示,开关不通和灯不亮均用0表示,则可得到逻辑非的真值表,见表2-7。

表2-7　非逻辑关系真值表

A	Y
0	1
1	0

图2-5　逻辑非电路

在逻辑代数中,逻辑非称为非运算,也称作求反运算。通常在变量上方加一短线表示非运算,所以逻辑表达式可写为

$$Y = \overline{A}$$

逻辑非的逻辑符号如图2-6所示,图中小圈表示非运算。

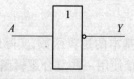

图2-6　逻辑非逻辑符号

2.2.2 逻辑函数及其表示方法

1. 逻辑函数

一般地说，某逻辑变量 Y 是由若干其他逻辑变量 $A,B,C\cdots$ 经过有限个基本逻辑运算确定的，那么 Y 就称作是 $A,B,C\cdots$ 的逻辑函数。通常把 $A,B,C\cdots$ 称为输入变量，把 Y 称为输出变量。当输入变量的取值确定之后，输出变量的值也就唯一地确定了。逻辑函数的一般表达式可以写做

$$Y = f(A,B,C\cdots)$$

2. 逻辑函数的表示方法

1）逻辑真值表

列出输入变量 $A,B\cdots$ 的不同取值组合与输出变量函数值 Y 的对应关系表格，称为逻辑真值表。可见，逻辑真值表是用数字符号表示逻辑函数的一种方法。一个确定的逻辑函数只有一个逻辑真值表。逻辑真值表能够直观、明了地反映变量取值和函数值的对应关系，一般给出逻辑问题之后，比较容易直接列出真值表。但它不是逻辑运算式，不便推演变换。另外，变量多时列表比较烦琐。

2）逻辑函数式

逻辑函数式是一种用与、或、非等逻辑运算组合起来的表达式。用它表示逻辑函数，形式简洁，书写方便，便于推演变换。另外，它直接反映变量间的运算关系，便于改用逻辑符号表示该函数。但是，它不能直接反映出变量取值间的对应关系，而且同一个逻辑函数可以写成多种函数式。

3）逻辑图

将逻辑函数式的运算关系用对应的逻辑符号表示出来，就是函数的逻辑图。

逻辑图与数字电路器件有明显对应关系，便于制作实际数字电路，但它不能直接进行逻辑的推演和变换。

4）波形图

在给出输入变量随时间变化的波形后，根据输出变量与其对应关系，即可找出输出变量随时间变化的规律。这种反映输入和输出波形变化规律的图形，称为波形图，又叫时序图。

波形图能清晰地反映出变量间的时间关系，以及函数值随时间变化的规律。它同实际电路中的电压波形相对应，故常用于数字电路的分析检测和设计调试中，但是它不能直接表示出变量间的逻辑关系。

3. 常用的复合逻辑函数

与、或、非三种逻辑运算是最基本的逻辑函数，实际的逻辑问题要比它们复杂得多。因此，在数字逻辑电路中，还常直接使用一些复合逻辑函数及其逻辑符号。表 2-8 给出了几种常用的复合逻辑的名称、逻辑符号和逻辑函数式。

表 2-8　几种常用的复合逻辑

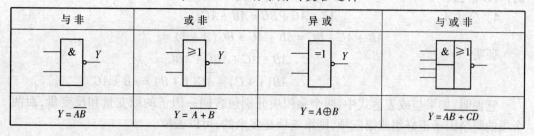

与非	或非	异或	与或非
$Y = \overline{AB}$	$Y = \overline{A + B}$	$Y = A \oplus B$	$Y = \overline{AB + CD}$

2.3　逻辑代数及逻辑函数的化简

2.3.1　逻辑代数的基本公式

1. 基本公式

根据逻辑变量的特点和与、或、非三种基本逻辑运算关系,可以推导出逻辑代数的基本公式,如下所示。所列公式均可用逻辑真值表证明其正确性。

01 律　　　$A \cdot 1 = A, A + 0 = A$

　　　　　　$A \cdot 0 = 0$

交换律　　$AB = BA, A + B = B + A$

结合律　　$A(BC) = (AB)C, A + (B + C) = (A + B) + C$

分配律　　$A(B + C) = AB + AC, A + (BC) = (A + B)(A + C)$

互补律　　$A\overline{A} = 0, A + \overline{A} = 1$

重叠律　　$AA = A, A + A = A$

反演律　　$\overline{AB} = \overline{A} + \overline{B}, \overline{A + B} = \overline{A}\,\overline{B}$(德·摩根定理)

对偶律　　$\overline{\overline{A}} = A$

2. 若干常用公式

利用逻辑代数的基本公式,可以推演出一些其他公式,它们在逻辑函数的化简中经常用到。

1) 公式 1　　　　　　　　　$AB + A\overline{B} = A$

证明:　　　　　　$AB + A\overline{B} = A(B + \overline{B}) = A \cdot 1 = A$

可见,若两个乘积项中分别包含同一因子的原变量和反变量,而其他因子相同时,则两个乘积项相加可以合并成一项,并消去互为反变量的因子。

2) 公式 2　　　　　　　　　$A + AB = A$

证明:　　　　　　　$A + AB = A(1 + B) = A$

它说明,在与或表达式中,如果一项是另一个乘积项的因子,则该乘积项是多余的,可以去掉。

3) 公式 3　　　　　　　　　$A + \overline{A}B = A + B$

证明:　　　　　　$A + \overline{A}B = (A + \overline{A})(A + B) = A + B$

这说明一个与或表达式中,如果一项的反是另一个乘积项的因子,则该因子是多余的,可以消去。

4) 公式 4 $$AB + \overline{A}C + BC = AB + \overline{A}C$$

$$AB + \overline{A}C + BC = AB + \overline{A}C + BC(A + \overline{A}) =$$

证明:
$$AB + \overline{A}C + ABC + \overline{A}BC =$$

$$AB(1 + C) + \overline{A}C(1 + B) = AB + \overline{A}C$$

它说明,如果与或表达式中,两个乘积项分别包含同一因子的原变量和反变量,而两个项的剩余因子正好组成第三项,则第三项是多余的,可以去掉。

另外,逻辑函数的运算顺序和书写方式有如下规定:

(1) 逻辑运算顺序和普通代数一样,应该先算括号里的内容,然后算乘法,最后算加法。

(2) 逻辑乘号"·"一般可以省略,逻辑式求反时可以不再加括号。

(3) 先或后与的运算式,或运算要加括号。例如:$(A + B) \cdot (C + D)$不能写成 $A + BC + D$。

2.3.2 逻辑代数的基本规则

1. 代入规则

在任何一个逻辑等式中,若将等式两边所出现的同一变量代之以另一函数式,则等式仍然成立。这一规则称为代入规则。

因为任何逻辑函数式和被代替的变量一样,只有 0 和 1 两种状态,所以代入后等式依然成立。利用代入规则可以扩展公式和证明恒等式。

2. 反演规则

对于任意一个逻辑函数公式 Y,若把式中所有的"·"换成"+"、"+"换成"·",0 换成 1、1 换成 0,原变量换成反变量、反变量换成原变量,并保持原来运算顺序,那么所得到结果就是$\overline{Y}$。这一规则称为反演规则。

德·摩根定理就是反演规则的一个特例,所以它又称为反演律。利用反演规则可以求一个逻辑函数的反函数。

〔注意〕使用反演规则时,不仅要保持原来的运算顺序,而且不属于单个变量上的取反符号还应保留不变。

3. 对偶规则

如果两个逻辑式相等,则它们的对偶式也相等。这就是对偶规则。

任何一个逻辑式 Y,若把 Y 中所有的"·"换成"+"、"+"换成"·",0 换成 1、1 换成 0,并保持原来的运算顺序,则得到新的逻辑式 Y',那么 Y 和 Y'互为对偶式。

2.3.3 逻辑函数的代数化简法

1. 逻辑函数的公式化简法

1) 逻辑函数化简的意义

根据逻辑代数的公式和运算规则,可以对任何一个逻辑函数进行推演和变换,可见,同一逻辑函数能够写成不同形式的函数表达式。

例如,逻辑函数 $Y = A + \overline{A}C + AB$,根据公式化简为

14

$$Y = A + \overline{A}C + AB = A + C$$

显然,化简变换后的函数式比原来的要简单得多。它包含的乘积项数和变量的个数都减少了。这不仅使函数的逻辑关系更加明显,而且也便于用最简的电路实现该函数。

因此,在分析和设计一个数字电路时,化简逻辑函数式是不可缺少的重要环节。

2)简化式的形式

一个逻辑函数可以有多种形式的表达式。最常用的是与或表达式和与非—与非表达式等。例如,一个逻辑函数 Y 的与或表达式为

$$Y = AC + BD$$

如果对函数式两次求反,再利用反演律可得与非—与非表达式,即

$$Y = \overline{\overline{AB + CD}} = \overline{\overline{AB} \cdot \overline{CD}}$$

任何一个逻辑函数都容易写成与或表达式,同时它又便于使用所学的定理和公式进行函数化简。所以,下面主要讨论与或式的化简,以求得最简的与或表达式。

所谓最简与或式,是指含有乘积项最少,同时每个乘积项包含的变量数也最少的与或表达式。有了最简与或之后,可以根据需要,再通过公式变换,求得其他形式表达式。

3)常用的公式化简方法

公式化简法就是运用基本公式和常用公式消去与或函数式中多余的乘积项和每个乘积项中的多余因子,求得最简与或式。公式化简中经常使用以下方法:

(1)并项法。利用式 $AB + A\overline{B} = A$,把两项合并为一项,并消去一个变量。

例 2-5 化简函数 $Y = ABC + AB\overline{C} + A\overline{B}$。

解:利用并项法化简,可得

$$Y = ABC + AB\overline{C} + A\overline{B} = AB + A\overline{B} = A$$

(2)吸收法。利用 $A + AB = A$,消去多余的乘积项。

例 2-6 化简函数 $Y = \overline{A}\overline{B} + \overline{A}C + \overline{B}D$

解:$Y = \overline{A}\overline{B} + \overline{A}C + \overline{B}D = \overline{A} + \overline{B} + \overline{A}C + \overline{B}D = \overline{A} + \overline{B}$

(3)消去法。利用公式 $AB + \overline{A}C + BC = AB + \overline{A}C$ 和 $A + \overline{A}B = A + B$ 消去多余的因子或多余的乘积项。

例 2-7 化简函数 $Y = AB + \overline{A}C + \overline{B}C$。

解:$Y = AB + \overline{A}C + \overline{B}C = AB + \overline{AB}C = AB + C$

(4)配项法。利用公式 $A + \overline{A} = 1$,可在函数某一项中配以 $(A + \overline{A})$,展开后消去更多的项,也可利用基本公式 $A + A = A$,或常用公式 $AB + \overline{A}C + BC = AB + \overline{A}C$,在函数式中加上多余的项,以便获得更简化的函数式。

例 2-8 化简函数 $Y = \overline{A}\,\overline{B}\,\overline{C} + AB\overline{C} + A\overline{B}\,\overline{C}$。

解:在函数中加入 $A\overline{B}C$ 可得

$$Y = \overline{A}\,\overline{B}\,\overline{C} + AB\overline{C} + A\overline{B}\,\overline{C} =$$
$$\overline{A}\,\overline{B}\,\overline{C} + AB\overline{C} + A\overline{B}\,\overline{C} + A\overline{B}\,\overline{C} = \overline{B}\,\overline{C} + A\overline{C}$$

2. 逻辑函数的卡诺图化简法

用公式法化简逻辑函数,需要熟练掌握逻辑代数公式,还要有一定的运算技巧,而且

化简的结果有时还难以肯定是最简最合理的。而卡诺图化简法,可以既简单又直观地得到最简的逻辑函数式。

1) 逻辑函数的最小项表达式

(1) 逻辑函数的最小项。在 n 个变量组成的乘积项中,若每个变量都以原变量或以反变量的形式作为一个因子出现一次,那么该乘积项称做 n 变量的一个最小项。

例如,A、B、C 三个变量的最小项有 $\overline{A}\ \overline{B}\ \overline{C}$、$\overline{A}\ \overline{B}C$、$\overline{A}B\ \overline{C}$、$A\ \overline{B}\ \overline{C}$、$A\ \overline{B}C$、$AB\ \overline{C}$、$ABC$,它们都含三个变量,而每个变量都以原变量或反变量形式在一个乘积中出项一次,故共有 $2^3 = 8$ 个。同理,四个变量的最小项有 $2^4 = 16$ 个;n 个变量的最小项有 2^n 个。

为了表示方便,常常把最小项编号。例如,三变量最小项 $\overline{A}\ \overline{B}\ \overline{C}$,把它的值为 1 所对应的变量取值组合 000 看作二进制数,相当于十进制数 0,作为该最小项的编号,记作 m_0。依此类推,$\overline{A}\ \overline{B}\ \overline{C} = m_1$,$\cdots$,$ABC = m_7$。

(2) 逻辑函数最小项表达式。任何一个逻辑函数都可以写成与或表达式。只要在不是最小项的乘积中乘以 $(X + \overline{X})$,补齐所缺的因子,则可将该函数展开成最小项之和的形式。而对一个逻辑函数来说,真值表和最小项表达式都是唯一的。

例 2 - 9 将逻辑函数 $Y = A\ \overline{B} + AC$ 展开成最小项之和的形式。

解:$Y = A\ \overline{B} + AC = A\ \overline{B}(C + \overline{C}) + AC(B + \overline{B}) =$

$A\ \overline{B}C + A\ \overline{B}\ \overline{C} + ABC + A\ \overline{B}C = A\ \overline{B}C + A\ \overline{B}\ \overline{C} + ABC$

为了书写方便,也可写为

$$Y(ABC) = m_4 + m_5 + m_7 = \sum m(4,5,7)$$

上式称为最小项表达式。一个确定的逻辑函数,它的最小项表达式是唯一的。

2) 逻辑函数的卡诺图表示法

我们已经介绍了逻辑函数的四种表示法,即真值表、函数式、逻辑图和波形图。下面讨论函数的卡诺图表示法。

(1) 最小项的卡诺图。n 个逻辑变量可以组成 2^n 个最小项。在这些最小项中,如果两个最小项仅有一个因子不同,而其余因子均相同,则称这两个最小项为逻辑相邻项。

为了表示出最小项之间这种逻辑相邻关系,美国工程师卡诺(Karnaugh)设计了一种最小项方格图。它把逻辑相邻项安排在位置相邻的方格中。按此规则排列起来的最小项方格图称为卡诺图。例如,两个变量 A、B 有四个最小项:$\overline{A}\ \overline{B}$、$\overline{A}B$、$A\ \overline{B}$、$AB$ 分别记作 m_0 时 m_1 时 m_2 时 m_3,它们的卡诺图如图 2 - 7(a)所示。显然,图中上下、左右之间的最小项都是逻辑相邻项。为了画图简便,一般把变量标注在卡诺图的左上角,而用 1 和 0 表示原变量和反变量,注在卡诺图的上方和左边。变量的取值与方格中的最小项编号一一对应。两个变量简化形式的卡诺图如图 2 - 7(b)所示。

图 2 - 8(a)和(b)分别画出三变量和四变量最小项的卡诺图。图中不仅相邻方格的最小项是逻辑相邻项,而且上下、左右相对的方格也是逻辑相邻项。

综上所述,最小项的卡诺图中,任何几何位置相邻的最小项,在逻辑上也是相邻的。它形象直观地反映了最小项之间的逻辑相邻关系,为化简逻辑函数提供了方便条件。但是,当包含的变量数多于五个时,卡诺图不易画出,相邻项也失去了直观的特点。

16

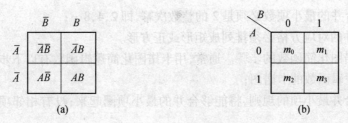

图 2-7 卡若图

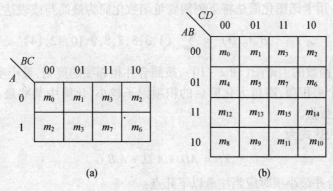

图 2-8 卡诺

(2) 用卡诺图化简逻辑函数。

① 合并最小项的规则。在逻辑函数的卡诺图中,合并最小项的规则是:

两个相邻方格的最小项可以合并成一项,并消去那个不相同的因子,其结果是保留公因子,如图 2-9(a) 所示。

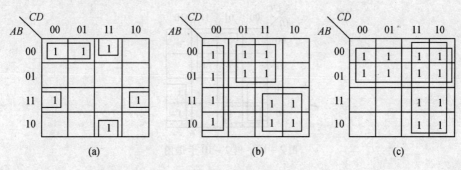

图 2-9 卡诺图

$$Y_1 = \overline{A}\,\overline{B}\,\overline{C}\,\overline{D} + \overline{A}\,\overline{B}\,CD = \overline{A}\,\overline{B}\,\overline{C} \qquad Y_1 = \overline{C}\,\overline{D} \qquad Y_1 = \overline{A}$$

$$Y_2 = \overline{A}\,\overline{B}CD + A\,\overline{B}CD = \overline{B}CD \qquad Y_2 = AC \qquad Y_2 = C$$

$$Y_3 = AB\,\overline{C}\,\overline{D} + ABC\,\overline{D} = AB\,\overline{D} \qquad Y_3 = \overline{A}D$$

四个相邻并排成矩形的最小项可以合并成一项,并消去两个因子;八个相邻并排成矩形的最小项可以合并成一项,并消去三个因子。图 2-9(b) 和 (c) 分别画出四个和八个最小项合并的情况。

以此类推,$2n$ 个相邻并排成矩形的最小项可以合并成一项,并消去 n 个因子。合并结果是保留这些最小的公因子。合并中有两点需要注意:

17

a. 能够合并的最小项数必须是 2 的整数次幂，即 $2,4,8\cdots$；

b. 要合并的对应方格必须排列成矩形或正方形。

② 用卡诺图化简函数的步骤。通常，用卡诺图化简逻辑函数有以下步骤：

a. 画出逻辑函数的卡诺图；

b. 按照合并最小项的规则，将能够合并的最小项圈起来；没有相邻项的最小项单独画圈；

c. 每个包围圈作为一个乘积项，将各乘积项相加即是化简后的与或表达式。

例 2-10 用卡诺图化简法将下列四变量函数化简为最简与或表达式。

$$Y_1(A \,、B \,、C \,、D) = \sum\nolimits_m (1,3,5,7,8,9,10,12,14)$$

解：先画出函数的卡诺图(图 2-10)，按照合并相邻项的规则，最小项可画圈合并，每一个圈对应一个乘积项，圈越大化简后的积项因子越小，化简中某些最小项可以重复使用，而不影响函数值。

化简后的表达式为

$$Y_1 = \overline{A}D + A\overline{D} + A\overline{B}\,\overline{C}$$

用卡诺图合并最小项时应当注意以下几点：

a. 合并相邻项的圈尽可能画大一些，以减少化简后乘积项的因子数；

b. 每个圈中最少应有一个最小项只被圈过一次，以避免出现多余项；

c. 用尽可能少的圈数覆盖函数所包含的全部最小项，使化简后乘积项数最少，又不漏项。用卡诺图化简逻辑函数比公式化简法容易得多。它形象，直观，便于掌握。所以在变量较少(五个以下)的逻辑函数化简时，采用卡诺图化简法较为有利。

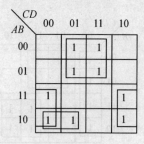

图 2-10　例 2-10 卡诺图

本 章 小 结

在用数码表示数量的大小时，采用的各种计数进位制规则称为数制。常用的数制有十进制、二进制、八进制和十六进制几种。各种进制所表示的数值可以按照本章介绍的方法互相转换。在用数码表示不同的事物时，这些数码已没有数量大小的含义，所以将它们称为代码。本章所列举的十进制代码、BCD 码是几种常见的通用代码。此外，完全可以根据自己的需要，自行编制专用的代码。

本章还重点讲了逻辑代数的公式和定理、逻辑函数的表示方法、逻辑函数的化简方法这三部分。掌握尽可能多的常用公式是十分有益的,因为直接引用这些公式能大大提高运算速度。在逻辑函数的表示方法中介绍了真值表、逻辑函数式、逻辑图、卡诺图几种方法。这几种方法之间可以任意地互相转换。根据具体的使用情况,可以选择最适当的一种方法表示所研究的逻辑函数。

思考与练习题

2-1 把下列几组数中的最大数和最小数用二进制表示出来。

(1) $(39)_{10}$, $(101101)_2$, $(2E)_{16}$, $(35)_8$

(2) $(110010)_2$, $(51)_{10}$, $(34)_{16}$, $(61)_8$

(3) $(AF)_{16}$, $(101111000)_{BCD}$, $(245)_8$

(4) $(246)_{10}$ $(E9)_{16}$ $(401)_8$ $(100100100)_2$

2-2 证明下列等式:

(1) $A(A+B) = A$

(2) $A(\bar{A}+B) = AB$

(3) $AB + A\bar{B} + \bar{A}\bar{B} = A + \bar{B}$

2-3 用公式法化简下列函数:

(1) $Y_1 = \bar{A} + \bar{B} + \bar{C} + ABC$

(2) $Y_2 = A\bar{B}\bar{C} + A\bar{B}C + AB\bar{C} + ABC$

(3) $Y_3 = A\bar{B} + \bar{A}B + BC + \bar{B}\bar{C}$

(4) $Y_4 = AC + \bar{B}\bar{C} + A\bar{B}$

2-4 用卡诺图化简下列函数:

(1) $Y_1 = \sum m(3,5,6,7)$

(2) $Y_2 = \sum m(0,6,8,10,11,12,13,14)$

(3) $Y_3 = A\bar{B} + A\bar{C} + BD + AD$

(4) $Y_4 = AB\bar{C} + ABC + A\bar{B}C$

2-5 用各位权的展开式表示下列各数:

$(1011)_2$, $(10F)_{16}$, $(375)_8$

2-6 将下列各数转换成二进制数:

$(456)_8$, $(ABC)_{16}$

2-7 A 在家里从不看书,B 和 C 只有在家才看书,D 在任何情况下都不看书,试问在家里有人看书和没人看书的条件,分别用逻辑函数表示之。

2-8 根据基本公式,判断下列逻辑运算的因果关系是否正确。

(1) 若 $A+B = A+0$, 则 $B=0$

(2) 若 $AB = AC$, 则 $B=C$

(3) 若 $AB = 1+B$, 则 $A=1,B=1$

(4) 若 $AB = B \times 0$ 　　　则 $A = 0, B = 0$

2-9 求下列函数的反函数：

(1) $Y = \overline{A(B+C)}$

(2) $Y = A\overline{B} + CD$

(3) $Y = AB + \overline{C} + D$

(4) $Y = A\overline{B} + B\overline{C} + C(\overline{A} + D)$

2-10 用公式法将下列函数化简成最简与或表达式。

(1) $Y = \overline{A}\,\overline{B}C + \overline{A}BC + ABC + AB\overline{C}$

(2) $Y = A + \overline{A}BCD + A\overline{B}C + BC + \overline{B}C$

(3) $Y = (A + \overline{A}C)(A + CD + D)$

(4) $Y = AB + ABD + \overline{A}C + BCD$

(5) $Y = \overline{A}\,\overline{B} + (A\overline{B} + \overline{A}B + AB)D$

2-11 将下列函数写成最小项表达式,并用卡诺图化简之。

(1) $Y = \overline{A}\,\overline{B}\,\overline{C} + A\overline{B}\,\overline{C} + \overline{A}C$

(2) $Y = A\overline{B} + B\overline{C} + \overline{A}\,\overline{B}\,\overline{C} + \overline{A}B\overline{C}$

(3) $Y = ABCD + A\overline{B} + A\overline{D} + \overline{A}\,\overline{D}$

(4) $Y = \overline{AB + BC + C\overline{D} + \overline{A}\,\overline{B}}$

2-12 用卡诺图化简下列函数,并写成最简与或表达式。

(1) $Y_1 = \sum m(0,1,2,4,5,6)$

(2) $Y_1 = \sum m(0,2,6,8,10,14)$

(3) $Y_1 = \sum m(0,1,4,5,6,8,9,10,11,12,13,14,15)$

(4) $Y_1 = \sum m(3,4,5,7,9,13,14,15)$

2-13 化简下列函数,画出最简与或逻辑图。

(1) $Y = A\overline{B} + \overline{A}C + BCD$

(2) $Y = \overline{AB} + \overline{BC} + \overline{CD} + \overline{AD} + AC + \overline{AC}$

(3) $Y = AB + \overline{B}\,\overline{C} + A\overline{C} + AB\overline{C} + \overline{A}\,\overline{B}\,CD$

20

第3章 组合逻辑电路

【学习目标】

1. 熟悉二极管、三极管的开关特性，掌握三极管导通条件、截止条件。

2. 熟悉 TTL 集成逻辑门电路的结构、工作原理和外部特性，了解或非门、异或门和三态门等其他系列门电路的工作原理和逻辑功能。

3. 重点掌握组合逻辑电路的分析和设计方法。

4. 掌握常用组合逻辑功能器件：编码器、译码器、全加器。

3.1 集成门电路

3.1.1 基本逻辑门电路

用来实现基本逻辑运算和复合逻辑运算的单元电路称为门电路。常用的门电路有与门、或门、非门、与非门、或非门、与或非门、异或门等。

1. 正逻辑与负逻辑

在数字电路中，用高、低电平来表示二值逻辑的 1 和 0 两种逻辑状态。获得高、低电平的基本原理电路如图 3-1 所示。当开关 S 断开时，输出电压 u_0 为高电平；而当 S 闭合以后，输出 u_0 则为低电平。开关 S 为半导体二极管或晶体管，通过输入信号 u_1 控制二极管或晶体管工作在截止和导通两个状态，以输出高、低电平。

若用高电平表示逻辑 1、低电平表示逻辑 0，则称这种表示方法为正逻辑；反之，若用高电平表示 0、低电平表示 1，则称这种表示方法为负逻辑。若无特别说明，本书中将采用正逻辑。

由于在实际工作时只要能区分出高、低电平就可以知道它所表示的逻辑状态，所以高、低电平都有一个允许的范围，图 3-2 分别为正、负逻辑对应逻辑状态的示意图。

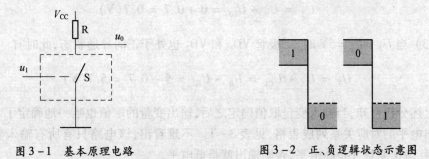

图 3-1 基本原理电路　　　　　图 3-2 正、负逻辑状态示意图

2. 二极管与门

电路的输入变量和输出变量之间满足与逻辑关系时称为与门电路,简称与门。

1) 电路组成及逻辑符号

图 3-3(a)是由二极管组成的与门,图 3-3(b)是目前常用的逻辑符号。图中 A、B 是输入变量,Y 是输出变量,V_{CC} 是正电源(10V)。输入端对地的高、低电平分别为5V 和 0V,作为输入变量的两种状态。

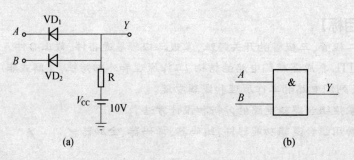

图 3-3 二极管与门电路和逻辑符号

(a)与门电路;(b)逻辑符号。

2) 工作原理

假设二极管正向导通电压近似地认为是 0.7V,下面分为三种情况来讨论。

(1) 当 $U_A = U_B = 0V$ 时,二极管 VD$_1$ 和 VD$_2$ 都处于正向导通状态。因为 $U_{D1} = U_{D2} = 0.7V$,所以

$$U_Y = U_A + U_{D1} = U_B + U_{D2} = 0 + 0.7 = 0.7(V)$$

(2) 当 $U_A = 0V$、$U_B = 5V$,或 $U_A = 5V$、$U_B = 0V$ 时,则二极管 VD$_1$ 和 VD$_2$ 只有一个导通。例如 $U_A = 0V$,$U_B = 5V$,则 VD$_1$ 导通,此时

$$U_Y = U_A + U_{D1} = 0 + 0.7 = 0.7(V)$$

而二极管 VD$_2$ 两端电压为

$$U_{D2} = U_Y - U_{B2} = 0.7 - 5 = -4.3(V)$$

故其两端外加反向电压,VD$_2$ 处于截止状态。

同理可以证明,当 $U_A = 5V$、$U_B = 0V$ 时,VD$_1$ 截止,VD$_2$ 导通,此时有

$$U_Y = U_B + U_{D2} = 0 + 0.7 = 0.7(V)$$

(3) 当 $U_A = U_B = 5V$ 时,二极管 VD$_1$ 和 VD$_2$ 也处于正向导通状态,此时有

$$U_Y = U_A + U_{D1} = U_B + U_{D2} = 5 + 0.7 = 5.7(V)$$

上述分析可知,当输入变量取值确定之后,输出变量的取值也唯一地确定了。将输入和输出电平的对应关系列成表格,见表 3-1。不难看出,该电路只有所有输入变量为高电平时,输出变量才是高电平,否则输出就是低电平。

22

表 3 - 1　输入/输出电平对应关系

U_A/V	U_B/V	U_Y/V
0	0	0.7
0	5	0.7
5	0	0.7
5	5	5.7

3）真值表及逻辑关系式

为了用二值符号表示变量的取值,假设用 0 表示低电平,用 1 表示高电平,则上面输入和输出的电平关系表,可以表示成两变量的逻辑真值表,表 3 - 2 所列为变量 Y 和变量 A、B 之间是与逻辑关系。所以,把这种二极管电路称为与门。它的输出变量 Y 的逻辑表达式为

$$Y = AB$$

表 3 - 2　真值表

A	B	C
0	0	0
0	1	0
1	0	0
1	1	1

在上面电路的分析中,把硅二极管正向导通电压近似为 0.7V。因此,只要二极管处于导通状态,且一个电极的电位是固定值,则另一个电极的电位一定被钳制在与此固定值相差 0.7V 的电平上。例如导通二极管阴极是 0V,则阳极一定被钳制在 0.7V;若阳极固定在 0V,阴极一定被钳制在 - 0.7V。将这种现象称为二极管的钳位作用,以后经常会用它分析电路。

3. 二极管或门

1）电路组成及逻辑符号

图 3 - 4(a)是由二极管组成的或门电路,图 3 - 4(b)是常用逻辑符号。图中 A、B 是输入变量,Y 是输出变量,V_{CC} 为负电源 - 10V。假定输入低电平 U_{IL} = 0V,输入高电平 U_{IH} = 5V,二极管导通电压 U_D = 0.7V。

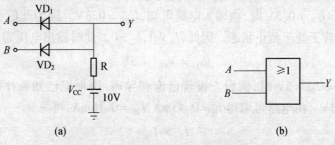

图 3 - 4　二极管或门电路和逻辑符号

(a)或门电路;(b)逻辑符号。

2）工作原理

由图 3-4 电路可知，在输入电平不同取值时很容易估算出对应的输出电平，并可列出电路输入和输出的电平关系表，见表 3-3。可见，该电路输入变量一个或一个以上是高电平，输出变量就是高电平；所有输入全是低电平时，输出才是低电平。

表 3-3　电平输入/输出关系

U_A/V	U_B/V	U_Y/V
0	0	-0.7
0	5	4.3
5	0	4.3
5	5	4.3

3）真值表及逻辑关系式。

如果用符号 0 表示低电平、用 1 表示高电平，则从表 3-3 输入和输出的电平关系表，可以得到两变量的逻辑真值表，见表 3-4，不难看出，变量 Y 和变量 A、B 之间是或逻辑关系，故把这种二极管电路称为或门。它的输出变量 Y 的逻辑表达式为

$$Y = A + B$$

表 3-4　二极管或门真值表

A	B	C
0	0	0
0	1	1
1	0	1
1	1	1

4. 三极管反相器（非门）

1）电路组成及逻辑符号

图 3-5 分别画出了三极管反相器的电路和逻辑符号。A 为输入变量，输入端对地电压用 U_I 表示；V_{CC} 为正电源电压。

2）工作原理

假设图 3-5 中三极管 $\beta = 30$，饱和时 $U_{BE} = 0.7V$，$U_{CES} = 0.3V$；输入电压的高电平 $U_{IH} = 5V$，低电平 $U_{IL} = 0.3V$。下面分两种情况进行分析：

（1）当 $U_I = U_{IL} = 0.3V$ 时，由输入电路可知，$U_{BE} = 0.3V$。因为此值小于三极管发射结导通电压，故管子处于截止状态。因此，$I_B = 0$，$I_C = 0$。此时输出电压为

$$U_O = V_{CC} = 5V$$

（2）当 $U_I = U_{IH} = 5V$ 时，假设三极管已饱和导通，则根据已知条件可以认为 $U_{BE} = 0.7V$，$U_{CES} = 0.3V$。由电路可求得 $I_B = 0.43mA$，$I_{BS} = 0.16mA$，可见

$$I_B > I_{BS}$$

所以三极管已饱和导通的假设成立。由输出电路可得

$$U_O = U_{CES} = 0.3V$$

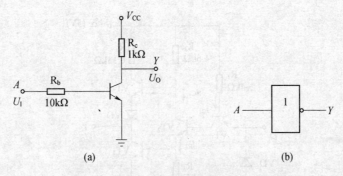

图 3-5　三极管反相器的电路与逻辑符号

(a) 反向器电路;(b) 逻辑符号。

由上所述结果可以列出电路输入和输出的电平关系表,见表 3-5。如果用 1 表示高电平,用 0 表示低电平,则可列出电路的逻辑真值表,见表 3-6。

表 3-5　输入/输出电平关系

U_I/V	U_O/V
0.3	5
5	0.3

表 3-6　三极管反相器真值表

A	B
0	1
1	0

可见,该电路输出变量正好是输入变量的反,所以电路称为反相器。它能实现逻辑非的功能。输出变量 Y 的逻辑表达式为

$$Y = \overline{A}$$

3.1.2　三极管—三极管逻辑门电路(TTL)

1. TTL 反相器

1) 电路组成

图 3-6 是 TTL 反相器的典型电路,它是国产 T1000 系列产品。电路可分为三部分:输入级由 R_1、VT_1 和 VD_1 组成;倒相级由 VT_2、R_2 和 R_3 组成;输入级由 R_4、VT_3 和 VT_4 组成。V_{CC} 为电源电压 5V。

2) 工作原理

假设电路输入低电平 $U_{IL} = 0.3V$,输入高电平 $U_{IL} = 3.6V$。正常工作时,输入端二极管始终处于截止状态。只有输入端出现负干扰电压时,VD_1 导通使输入电平钳位在 $-0.7V$,从而保护输入级电路。下面分析电路工作原理时,认为 VD_1 开路。

(1) 当 $U_I = U_{IL} = 0.3V$ 时,VT_1 发射结正向导通,其基极电位 $U_{B1} = U_{IL} + 0.7 = 1(V)$。此值小于 VT_1 集电结和 VT_2 发射结所需的导通电压(1.4V),VT_2 处于截止状态,故 I_{C2} 和 I_{E2} 均为 0V,所以也截止。显然流过 R_2 的电流 I_{B3} 的数值很小,使 VT_3 的基极电位接近于 V_{CC}。因此 VT_3 发射结和 VD_2 通过输出端的负载电阻处于导通状态,输出电平为

$$U_O = V_{CC} - U_{BE3} - U_{D2}$$

因为 $V_{CC} = 5V$,$U_{BE3} = U_{VD2} = 0.7V$,所以输出电平 U_O 近似为 3.6V,相当于高电平。

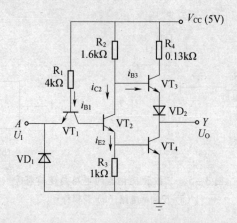

图 3-6 TTL 反相器电路

（2）当 $U_I = U_{IH} = 3.6V$ 时，由于 $V_{CC}(5V)$ 大于 VT_1 集电结、VT_2 和 VT_4 的发射结所需的导通电压（2.1V），故三个 PN 结均导通。此时 VT_1 基极 U_{B1} 被钳位在 2.1V。可见 VT_1 发射结处于反向偏置，I_{B1} 全部流入 VT_2 的基极，使 VT_2 和 VT_4 饱和导通。如果这两个管子的饱和压降均为 0.3V，则 VT_2 集电极电位 $U_{C2} = U_{CES2} + U_{BE4} = 1V$。此值不能使 VT_3 发射结和 VD_2 导通，故它们均截止，输出电平为

$$U_O = U_{CES4}$$

因为 $U_{CES4} = 0.3V$，则输出电平 U_O 为 0.3V，相当与低电平。

综上所述，当 $U_I = U_{IL}$ 时，输出 $U_O = U_{OH}$；当 $U_I = U_{IH}$ 时，输出 $U_O = U_{OL}$。所以电路能实现反相器的逻辑功能。

2. TTL 与非门

1）电路组成

图 3-7 是国产 T1000 系列与非门的典型电路。它和反相器的结构基本相同，只是 VT_1 管采用了多发射极三极管。两个输入端分别接有钳位二极管 VD_1 和 VD_2，用来抑制输入负向过冲电压。

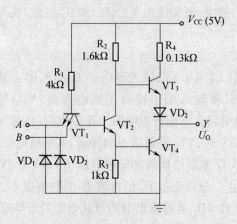

图 3-7 国产 T1000 系列与非门典型电路

2) 工作原理

多发射极三极管有两个(或多个)发射极,公用一个基极、一个集电极,如图 3-8(a) 所示。它的逻辑功能与图 3-8(b) 所示二极管电路是一样的。不难看出,VD_A、VD_B 和 R_1 组成与门电路,并通过 VD_C 把信号送给 C 端,即 $C = AB$。故多发射三极管连同后面两极 电路能实现与非逻辑功能,所以有

$$Y = \overline{AB}$$

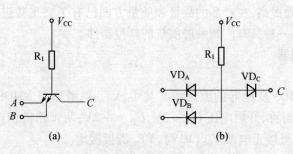

图 3-8 多发射极三极管

3. 三态输出门

1) 电路组成

图 3-9 是三态输出的 2 输入与非门电路。它比与非门电路多加了一个反相器 G 和 二极管 VD_4。

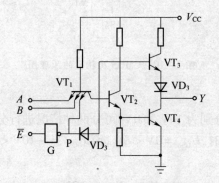

图 3-9 三态输出的 2 输入与非门电路

2) 工作原理

(1) 当 $\overline{E} = 0$ 时,反相器 G 输出高电平,VD_4 截止 VT_1 的多发射极对应输入端也是高 电平,故对与非门正常工作无影响。输出表达式为

$$Y = \overline{AB}$$

(2) 当 $\overline{E} = 1$ 时,反相器 G 输出低电平。它一方面控制 VT_1 发射极,使其基极电位被 钳位在 1V,故 VT_2、VT_4 截止,同时 VD_4 导通,使 VT_3 基极电位为 1V,故 VT_3、VD_3 也截止, 所以输出端呈现高阻状态。

可见电路的输出表达式可写成

$$Y = \overline{AB} \qquad (\overline{E} = 0)$$

$$Y = Z \qquad (\bar{E} = 1)$$

上述电路是控制端低电平有效的三态与非门,逻辑符号控制端有小圈。

3.1.3 CMOS 门电路

CMOS 门电路是由 PMOS 管和 NMOS 管构成的互补 MOS 集成电路。它具有静态功耗低、抗干扰能力强、工作稳定性好、开关速度较高等优点。这种电路制造工艺较难。但随着生产工艺水平的提高,在产品的数量和质量方面已有了突飞猛进的发展。目前它已得到广泛应用,成为一种具有广阔发展前景的新型器件。

1. CMOS 反相器

1)电路组成

图 3-10 是 CMOS 反相器的原理图。其中,VT_N 是增强型 NMOS 管,VT_P 是增强型 PMOS 管,两管参数对称,开启电压 $U_{TN} = 2V$,$U_{TP} = -2V$;两管栅极相连作输入端,漏极相连作输出端;VT_P 源极接正电源 $V_{DD}(10V)$,VT_N 源极接地。

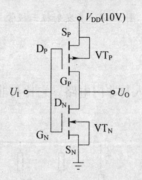

图 3-10 CMOS 反相器的原理图

2)工作原理

如果输入高、低电平分别为 10V 和 0V,可分两种情况进行分析。

(1)当 $U_I = U_{IL} = 0V$ 时,$U_{GSN} = 0V < U_{TN}$,而 $U_{GSP} = -10V < U_{TP}$,故 VT_N 截止,VT_P 导通。此时输出电压为

$$U_O \approx V_{DD} = 10V$$

(2)当 $U_I = U_{IH} = 10V$ 时,$U_{GSN} = 0V > U_{TN}$,而 $U_{GSP} = 0V > U_{TP}$,故 VT_N 导通,VT_P 截止。此时输出电压为

$$U_O \approx 0V$$

可见,两种输入电平的情况下,VT_N 和 VT_P 参数对称,并总是一个导通而另一个截止,即处于互补状态,所以把这种电路结构称作互补对称电路。因为电路输入低电平(0V)时,输出为高电平(10V),而当输入为高电平(10V)时,输出为低电平(0V),故电路能实现反相器的功能。

2. CMOS 与非门和或非门

1)CMOS 与非门

(1)电路组成及工作原理。图 3-11 是 CMOS 与非门电路。其中,VT_1、VT_2 是

28

NMOS 管,串联连接;VT_3、VT_4 是 PMOS 管,并联连接;A、B 为输入端,Y 为输出端,V_{DD} 为正电源。下面用正逻辑赋值分析其工作原理。

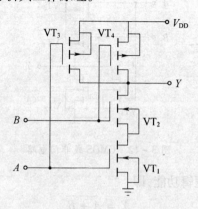

图 3-11 CMOS 与非门电路

① 当 $A = B = 0$ 时,VT_1、VT_2 截止,VT_3、VT_4 导通,故 $Y = 1$;

② 当 $A = 1$、$B = 0$,或 $A = 0$、$B = 1$ 时,VT_1 和 VT_2 中必有一个截止,VT_3 和 VT_4 中必有一个导通,故 $Y = 0$;

③ 当 $A = B = 1$ 时,VT_1、VT_2 导通,VT_3、VT_4 截止,故 $Y = 0$。

上述结果列出真值表见表 3-7。可见电路能实现与非逻辑功能,即

$$Y = \overline{AB}$$

表 3-7 CMOS 与非门真值表

A	B	Y
0	0	1
0	1	1
1	0	1
1	1	0

（2）工作特点。输出高电平时,输出电阻随输入信号的取值不同而变化。因为 VT_3、VT_4 并联,其中一个或两个导通都输出高电平,但两者输出等效电阻是不同的。

输出低电平值不仅和 VT_1、VT_2 导通电阻有关,而且和串联管数目有关,当输入端数增加时,串联管数目也多,会使输出低电平抬高。

为了克服上述缺点,一般在电路输入和输出端加反相器作缓冲级,这样与非门的电气特性就和反相器完全相同了。

2）CMOS 或非门

（1）电路组成及工作原理。

图 3-12 是 CMOS 或非门电路。图中,NMOS 管并联,PMOS 管串联,A、B 为输入,Y 为输出,V_{DD} 为正电源。

不难分析,只要 A、B 有一个或一个以上为 1,则 Y 为 0;只有 A、B 同时为 0 时,Y 才是

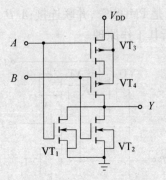

图 3 - 12 CMOS 或非门电路

1。所以,电路能实现或非逻辑功能,即

$$Y = \overline{A + B}$$

（2）工作特点。或非门输出电阻也受输入信号取值的影响。而且输出高电平值也和输入端数目有关。因为或非门 VT_1、VT_2 并联,故输出低电平值不会随输入端数目增多而升高。目前生产的 CC4000 系列产品的或非门中,均采用了带缓冲级的电路。

3. CMOS 传输门

1）电路组成及逻辑符号

传输门是一种传输模拟信号的压控开关。图 3 - 13 是 CMOS 传输门的电路和逻辑符号。其中 VT_N 和 VT_P 分别是结构和参数对称的 NMOS 管和 PMOS 管。两管衬底分别接地和正电源 V_{DD},一管的源极和另一管的漏极对应相连分别作输入端 U_I 和输出端 U_O,两栅极分别接互补的控制信号 C 和 $\overline{C}$。

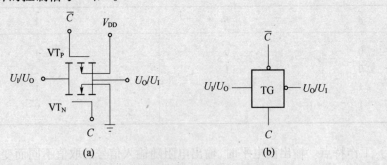

图 3 - 13 CMOS 传输门的电路和逻辑符号
（a）电路;（b）逻辑符号。

2）工作原理

如果控制信号的高、低电平分别为 V_{DD} 和 0V,而且 $V_{DD} > (U_{TN} + U_{TP})$,则由图可以看出:

（1）当 $U_C = 0V$,$U_{\overline{C}} = V_{DD}(C = 0, \overline{C} = 1)$ 时,输入电压 U_I 为 0V ~ V_{DD} 的任意值,VT_N 和 VT_P 均不导通,输入和输出之间是断开的,传输门截止。

（2）当 $U_C = V_{DD}$、$U_{\overline{C}} = 0V(C = 1, \overline{C} = 0)$ 时,输入电压 U_I 为 0V ~ $(V_{DD} - U_{TN})$,VT_N 一定导通;输入电压 U_I 为 U_{TP} ~ V_{DD},VT_P 一定导通。可见,输入电压 U_I 在 0V ~ V_{DD} 任意改变时,两管至少有一个导通,输入和输出之间呈低阻态,传输门导通。

30

所以,变换两个控制端互补信号的电平,可以使传输门截止或导通,从而决定输入模拟信号(0V～V_{DD}任意电压)是否能传送到输出端。鉴于 MOS 管源极和漏极在结构上是对称的,因此传输门输入端和输出端可以互换使用,它是一种双向器件。当它关断时电阻约10Ω以上,导通时电阻约数百欧。

4. CMOS 三态门

三态门是指具有高电平、低电平和高电阻三种输出状态的电路。

图 3-14 给出一种三态门的电路和逻辑符号。

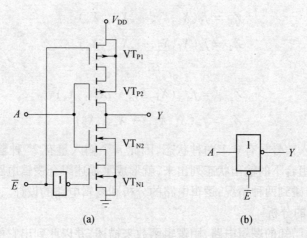

图 3-14　三态门的电路和逻辑符号
(a)电路;(b)逻辑符号。

由图中不难分析该电路的逻辑功能:

当 $\overline{E}=1$ 时,VT_{N1} 和 VT_{P1} 截止,输出端 Y 同地和电源 V_{DD} 均断开,故输出呈高阻状态,用 $Y=Z$ 表示。

当 $\overline{E}=0$ 时,VT_{N1} 和 VT_{P1} 导通,VT_{N2} 和 VT_{P2} 组成反相器电路,故 $Y=\overline{A}$。列出电路的功能表,见表 3-8,其输出表达式可写做:

$$Y = \overline{A} \qquad (\overline{E}=0)$$
$$Y = Z \qquad (\overline{E}=1)$$

表 3-8　三态门电路功能

E	A	Y
0	0	1
0	1	0
1	X	Z

由于电路的工作状态受信号 E 控制,故称 E 端为控制端或使能端。控制端为低电平反相器正常工作,称之为低电平有效,一般用 $\overline{E}$ 表示,并且逻辑符号 E 端加小圈。相反,控制端为高电平反相器正常工作称为高电平有效,控制器一般用 E 表示,符号上不加小圈。

3.2 组合逻辑电路的分析和设计

组合逻辑电路的电路输出信号只是该时刻输入信号的函数,与该时刻以前的输入状态无关。这种电路无记忆功能,无反馈回路。

组合逻辑电路有 n 个输入端、m 个输出端,可用下列逻辑函数来描述输出和输入的关系:

$$Z_1 = f_1(X_1, X_2, \cdots, X_{n-1}, X_n)$$
$$Z_2 = f_2(X_1, X_2, \cdots, X_{n-1}, X_n)$$
$$\cdots$$
$$Z_{m-1} = f_{m-1}(X_1, X_2, \cdots, X_{n-1}, X_n)$$
$$Z_m = f_m(X_1, X_2, \cdots, X_{n-1}, X_n)$$

由于每个输入信号只有 0、1 两种状态,因此 n 个输入量有 2^n 种输入状态的组合,若把每种输入状态组合下的输出状态列出来,就形成了描述组合逻辑电路的真值表。

在实际中,会碰到两种情况:逻辑电路的分析和逻辑电路的设计。

1. 逻辑电路的分析

其任务是,对已知的逻辑电路,用逻辑函数来描述,并以此列出它的真值表,来确定其功能。在进行产品仿制、维修数字设备时,分析过程显然是十分重要的。同时,通过逻辑分析还可以发现原设计的不足之处,然后加以改进。

分析过程如下:

(1) 对逻辑图中每个门电路的输出端标以不同的符号,以表示该门的输出变量的逻辑函数。

(2) 对每个门的输出列写逻辑函数的表达式。

(3) 将每个门输出端的逻辑函数表达式,由前(输入)向后(输出),逐个迭代,最后求出电路输出变量的逻辑表达式。这时该表达式仅是输入变量的函数,对已得出的输出变量的逻辑表达式,必要时可以按前面所介绍的公式化简法或卡诺图化简法进行化简,最终得出最简的逻辑函数表达式。

(4) 按逻辑函数表达式列写真值表,由真值表对所能实现的功能进行分析、解释。

举例说明分析过程。

例 3 - 1 已知逻辑电路如图 3 - 15 所示,分析其功能。

解:

第一步,写出逻辑表达式。由前级到后级写出各个门的输出函数(反过来写也可以)。

$$P = AB; \quad N = BC; \quad Q = AC$$
$$F = \overline{PNQ} = \overline{\overline{AB} \cdot \overline{BC} \cdot \overline{AC}} = AB + BC + AC$$

第二步,列出真值表,见表 3 - 9。

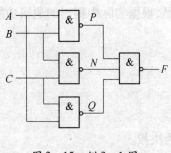

图 3 - 15　例 3 - 1 图

表 3 - 9　例 1 真值表

ABC	AB	AC	BC	F
000	0	0	0	0
001	0	0	0	0
010	0	0	0	0
011	0	0	1	1
100	0	0	0	0
101	0	1	0	1
110	1	0	0	1
111	1	1	1	1

第三步,逻辑功能描述。真值表已经全面地反映了该电路的逻辑功能。下面用文字描述其功能。这一步对初学者有一定的困难,通过多练习、多接触逻辑学问题,也不难掌握。

由图看出,在输入三变量中,只要有两个以上变量为 1,则输出为 1,故该电路功能可概括为三变量多数表决器。

例 3 - 2　分析图 3 - 16 所示逻辑电路功能。

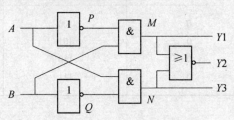

图 3 - 16　逻辑电路功能图

解:由图可得

$$P = \overline{A}, Q = \overline{B}$$

$$M = PB = \overline{A}B, N = AQ = A\overline{B}$$

$$Y_1 = M = \overline{A}B, Y_2 = \overline{M + N} = \overline{\overline{A}B + A\overline{B}} = A \odot B, Y_3 = N = A\overline{B}$$

由此列出真值表,见表 3 - 10。

表 3 - 10　例 3 - 2 真值表

AB	$Y_1 Y_2 Y_3$
00	0 1 0
01	1 0 0
10	0 0 1
11	0 1 0

由真值表可以看出这是 1 位数值比较电路。A、B 为两个 1 位数,Y_1、Y_2、Y_3 为比较结果:当 $A < B$ 时,$Y_1 = 1$;当 $A = B$ 时,$Y_2 = 1$;当 $A > B$ 时,$Y_3 = 1$。

2. 逻辑电路的设计

逻辑电路的设计又称为逻辑电路综合。其任务是,根据实际中提出的逻辑功能,设计出实现该逻辑功能的电路。

一般按如下步骤进行:

(1) 根据逻辑命题设置变量,并列写真值表;

(2) 进行函数化简;

(3) 根据化简结果画出逻辑电路。

例 3-3 设计一个三变量表决器,其中 A 具有否决权。

解:

第一步,设置变量,列写真值表。

设 A、B、C 分别代表参加表决的逻辑变量;F 为表决结果,对于变量作如下规定:A、B、C 为 1 表示赞成;为 0 表示反对。$F=1$ 表示通过,$F=0$ 表示被否决。

根据题意列出真值表,见表 3-11。

表 3-11　例 3-3 真值表

ABC	F	ABC	F
000	0	100	0
001	0	101	1
010	0	110	1
011	0	111	1

第二步,函数化简。

画出卡诺图,其化简过程如图 3-17(a)所示,由卡诺图得到函数表达式:

$$F = AB + AC = \overline{\overline{AB} \cdot \overline{AC}}$$

逻辑电路如图 3-17(b)所示。

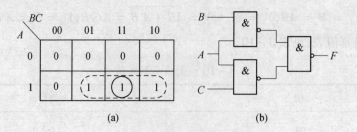

(a)　　　　　　　　　　(b)

图 3-17　例 3-3 图

(a)化简过程;(b)逻辑电路。

例 3-4 设计一个组合电路,将 8421BCD 码变换为余 3 代码。

解: 这是一个码制变换问题。由于均是 BCD 码,故输入、输出均为四个端点,其框图如图 3-18 所示,按两种码的编码关系得真值表,见表 3-12。

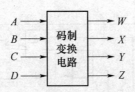

图 3-18 逻辑框图

表 3-12 例 3-4 真值表

十进制数	8421BCD $A\ B\ C\ D$	余 3 代码 $W\ X\ Y\ Z$	十进制数	8421BCD $A\ B\ C\ D$	余 3 代码 $W\ X\ Y\ Z$
0	0000	0011	8	1000	1011
1	0001	0100	9	1001	1100
2	0010	0101	10	1010	× × × ×
3	0011	0110	11	1011	× × × ×
4	0100	0111	12	1100	× × × ×
5	0101	1000	13	1101	× × × ×
6	0110	1001	14	1110	× × × ×
7	0111	1010	15	1111	× × × ×

由于 8421BCD 码不会出现 1010~1111 这六种状态,故当输入出现这六种状态时,输出视为无关项。化简过程如图 3-19 所示。化简函数为

$$W = A + BC + BD = \overline{\overline{A + B(C + D)}} = \overline{\overline{A}\ \overline{B(C+D)}} = \overline{\overline{A}\ \overline{\overline{B}}\ \overline{\overline{C}\ \overline{D}}}$$

$$X = B\overline{C}\ \overline{D} + \overline{B}C + \overline{B}D = B\overline{C}\ \overline{D} + \overline{B}\ \overline{\overline{C} \cdot \overline{D}} = B \oplus \overline{\overline{C}\ \overline{D}}$$

$$Y = \overline{C}\ \overline{D} + CD = \overline{C \oplus D}$$

由真值表可看出 $Z = \overline{D}$,不另设计。

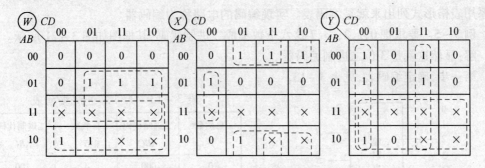

图 3-19 各函数的卡诺图

图 3-20 是转换电路的逻辑图。

码制变换电路种类很多,除了本例所讲的以外,诸如余 3 代码变换为 8421BCD 码、二进制与循环码的互换等,其方法和思路与本例相似。

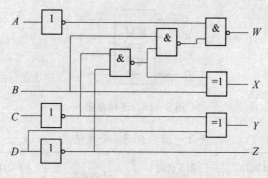

图 3 - 20　转换电路的逻辑图

3.3　常用组合逻辑电路

3.3.1　编码器

在数字系统中,经常需要把具有某种特定含义的信号变换成二进制代码,这种用二进制代码表示具有特定含义信号的过程称为编码。而把一组二进制代码的特定含义翻译、解释出来的过程称为译码。下面介绍具体的编码电路。

1. 编码器

1 位二进制数可表示"0"和"1"两种状态,n 位二进制数则有 2^n 种状态。2^n 种状态能表示 2^n 个数据和信息。编码就是对 2^n 种状态进行人为的数值指定,给每一种状态指定一个具体的数值。例如,3 位二进制数有八种状态,可指定它们来表示 0~7 的数,也可指定它们表示八种特定的含义。显然,由于指定是任意的,故编码方案也是多种多样的。

对于二进制来说,最常用的是自然二进制编码,因为它有一定的规律性,便于记忆,同时也有利于电路的连接。

在二进制编码设计时,首先要人为指定数(或者信息)与代码的对应关系,将此对应关系用表格形式列出来就是编码表。实现编码的电路称为编码器。

例 3 - 5　要求把 0,1,2,…,7 这八个数编成二进制代码,其框图如图 3 - 21 所示。

解:显然这就是 3 位二进制编码器。

第一步,确定编码表,见表 3 - 13。

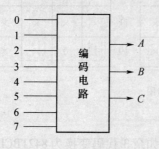

图 3 - 21　3 位二进制编码器

表 3 - 13　3 位二进制编码表

自然数 N	二进制代码 ABC	自然数 N	二进制代码 ABC
0	000	4	100
1	001	5	101
2	010	6	110
3	011	7	111

第二步,由编码表列出二进制代码每一位的逻辑表达式,即

$$A = 4 + 5 + 6 + 7$$

$$B = 2 + 3 + 6 + 7$$

$$C = 1 + 3 + 5 + 7$$

按此表达式可画出用或门组成的编码电路,如图 3-22 所示。

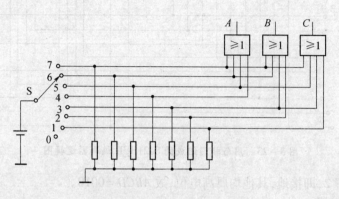

图 3-22　3 位二进制编码电路

K 处于不同位置表示不同的自然数,ABC 的输出就表示对该自然数的二进制编码。如 K 在位置 6,则它接高电平,其他均接地,故 $ABC = 110$。

例 3-6　将十进制 $0,1,2,\cdots,9$ 编为 8421BCD 码。

解:十个数要求用 4 位二进制表示。而 4 位二进制有 16 种状态。从 16 种状态中选取 10 个状态,方案很多。以 8421BCD 码为例,其编码表见表 3-14。

表 3-14　8421BCD 编码表

自然数 N	BCD 代码 $ABCD$	自然数 N	BCD 代码 $ABCD$
0	0000	8	1000
1	0001	9	1001
2	0010	10	× × × ×
3	0011	11	× × × ×
4	0100	12	× × × ×
5	0101	13	× × × ×
6	0110	14	× × × ×
7	0111	15	× × × ×

各输出端函数表示式如下:

$$A = 8 + 9 = \overline{\overline{8}\ \overline{9}}$$

$$B = 4 + 5 + 6 + 7 = \overline{\overline{4}\ \overline{5}\ \overline{6}\ \overline{7}}$$

$$C = 2 + 3 + 6 + 7 = \overline{\overline{2}\ \overline{3}\ \overline{6}\ \overline{7}}$$

37

$$D = 1 + 3 + 5 + 7 + 9 = \overline{\bar{1} \ \bar{3} \ \bar{5} \ \bar{7} \ \bar{9}}$$

按此表达式可画出用与非门组成的逻辑图,如图 3 – 23 所示。

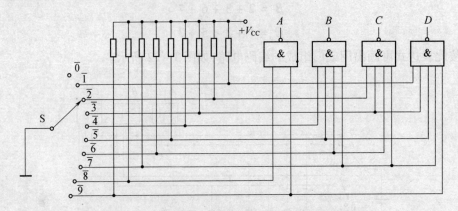

图 3 – 23　用与非门组成的 8421BCD 编码器逻辑图

如 S 在位置 2,即接地,其他均属高电位,故 $ABCD = 0010$。

2. 优先编码器

在实际应用中还广泛使用优先编码器,可用于优先中断系统、键盘编码等。图 3 – 24 是集成 8 – 3 线优先编码电路(74LS148)及逻辑符号。

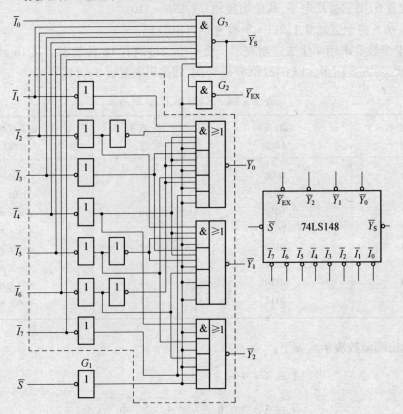

图 3 – 24　8 – 3 线优先编码器(74LS148)

38

由图可写出该电路的输出函数的逻辑表达式如下：

$$\overline{Y_2} = \overline{(I_4 + I_5 + I_6 + I_7)S}$$

$$\overline{Y_1} = \overline{(I_2 \overline{I_4}\,\overline{I_5} + I_3 \overline{I_4}\,\overline{I_5} + I_6 + I_7)S}$$

$$\overline{Y_0} = \overline{(I_1 \overline{I_2}\,\overline{I_4}\,\overline{I_6} + I_3 \overline{I_4}\,\overline{I_6} + I_5 \overline{I_6} + I_7)S}$$

$$\overline{Y_S} = \overline{(I_0 I_1 I_2 I_3 I_4 I_5 I_6 I_7)S}$$

$$\overline{Y_{EX}} = \overline{\overline{Y_S}S} = \overline{(\overline{I_0} + \overline{I_1} + \overline{I_2} + \overline{I_3} + \overline{I_4} + \overline{I_5} + \overline{I_6} + \overline{I_7})S}$$

由表达式可作出优先编码器的功能表,见表 3 – 15。

表 3 – 15 优先编码器 74LS148 功能表

输　入		输　出	
$\overline{S}$	$\overline{I_0}\ \overline{I_1}\ \overline{I_2}\ \overline{I_3}\ \overline{I_4}\ \overline{I_5}\ \overline{I_6}\ \overline{I_7}$	$\overline{Y_2}\ \overline{Y_1}\ \overline{Y_0}$	$\overline{Y_S}\ \ \overline{Y_{EX}}$
1	× × × × × × × ×	1　1　1	1　1
0	1 1 1 1 1 1 1 1	1　1　1	0　1
0	× × × × × × × 0	0　0　0	1　0
0	× × × × × × 0 1	0　1　0	1　0
0	× × × × × 0 1 1	0　1　0	1　0
0	× × × × 0 1 1 1	0　1　0	1　0
0	× × × 0 1 1 1 1	1　0　0	1　0
0	× × 0 1 1 1 1 1	1　0　1	1　0
0	× 0 1 1 1 1 1 1	1　1　0	1　0
0	0 1 1 1 1 1 1 1	1　1　1	1　0

该电路输入端为低电平 0 时表示有输入,输出信号为反码。

当使能端为 $\overline{S}=1$ 时,不管其他输入端是否有信号,电路所有输出端都处于高电平。只有在 $\overline{S}=0$ 时,该电路才工作,输出端才出现信号,这就是"使能"的功能。当 $\overline{S}=0$ 时,输出函数的逻辑值才决定于输入变量的值。$\overline{Y_S}$ 为输出使能端,$\overline{Y_S}=1$ 表示有二进制编码输出,$\overline{Y_S}=0$ 表示当 $\overline{S}=0$ 时,各输入端都无信号要求编码,各输出端也没有输出(全为高电平)。设置它的目的在于扩展该电路的功能,把输出 $\overline{Y_S}=0$ 接到下一片(低位片)的 $\overline{S}$ 端,就可方便地扩展为 16 – 4 线优先编码器。由功能表可看出,在 $\overline{Y_S}=0$ 的前提下,当几条输入线上同时出现信号时,优先输入其中数值最大的那个信号,对数值小的输入信号不予理睬,即该电路总是优先输出数值大的信号,故称为优先编码器。$\overline{Y_{EX}}$ 端为优先标志输出端,$\overline{Y_{EX}}=0$ 表示有优先编码输出。当多片优先编码器级联构成更多二进制编码时,它使高位片内的信号优先输出,如图 3 – 23 所示。

图 3 – 25 为两片 8 – 3 线优先编码器扩展成 16 – 4 线优先编码器的连接图,高位片的使能输入端 $\overline{S}=0$,使能输出端 $\overline{Y}_S$ 接至低位片使能输入端 $\overline{S}$。当高位片输入端 $(\overline{I}_{15}\sim\overline{I}_8)$ 无信号输入时,它的输出端 $\overline{Y}_S=0$,使低位片处于工作状态,输出二进制代码 $Z_3Z_2Z_1Z_0$ 取决于低位片输入端 $(\overline{I}_7\sim\overline{I}_0)$。高位片有输入时,其使能输出端 $\overline{Y}_S=1$,使低位片禁止,则输出取决于高位片输入端 $\overline{I}_{15}\sim\overline{I}_8$,高、低位片中的片优先编码输出,以高位片的 $\overline{Y}_{EX}$ 输出优先,所以以高位的 $\overline{Y}_{EX}$ 输出为 $\overline{Y}_3$ 的输出。由于使用了与非门,所以 $Z_3Z_2Z_1Z_0$ 为原码输出。例如,$\overline{I}_{13}$ 有输入信号,则高位片输出端 $\overline{Y}_S=1$,$\overline{Y}_{EX}=0$,$\overline{Y}_2=0$,$\overline{Y}_1=1$,$\overline{Y}_0=0$,由于 $\overline{Y}_S=1$,使低位片 $\overline{S}=1$,则低位片输出端 $\overline{Y}_2=\overline{Y}_1=\overline{Y}_0=\overline{Y}_{EX}=1$,所以总的输出端为 $Z_3Z_2Z_1Z_0=1101$。

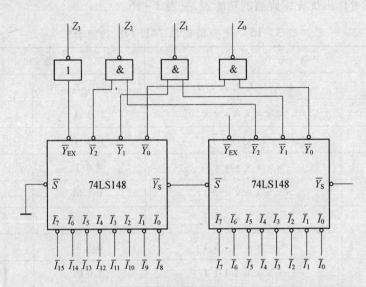

图 3 – 25　用两片 8 – 3 线优先编码器扩展为 16 – 4 线优先编码器

3.3.2　译码器

译码是编码的逆过程。译码器的作用是将输入代码的原意"翻译"出来,或者说,译码器可以将每个代码译为一个特定的输出信号,以表示它的原意。根据需要可以使输出信号是脉冲,也可以是电位。

译码器是多函数组合逻辑问题,而且输出端数多于输入端数。译码器的输入为编码信号,对应每一组编码有一条输出译码线。当某个编码出现在输入端时,相应的译码线上输出高电平(或低电平),其他译码线则保持低电平(或高电平)。

译码器的种类很多,如最小项译码器(3 – 8 线、4 – 16 线译码器等)、二—十进制译码器(4 – 10 线译码器)、七段字形译码器等。

早期的译码器大多用二极管矩阵来实现,现在多用半导体集成电路来完成。

1. 二进制译码器——最小项译码器

二进制译码器是最简单的一种译码器。以 3 位二进制译码电路为例,其实现框图如图 3 – 26 所示,译码见表 3 – 16。

图 3-26 3位二进制译码器框图

表 3-16 译码表

输入代码			译码输出	输入代码			译码输出
A_2	A_1	A_0		A_2	A_1	A_0	
0	0	0	Y_0	1	0	0	Y_4
0	0	1	Y_1	1	0	1	Y_5
0	1	0	Y_2	1	1	0	Y_6
0	1	1	Y_3	1	1	1	Y_7

每个译码函数都由一个最小项组成。即

$$Y_0 = \overline{A_2}\,\overline{A_1}\,\overline{A_0}, Y_1 = \overline{A_2}\,\overline{A_1}A_0, Y_2 = \overline{A_2}A_1\overline{A_0}, Y_3 = \overline{A_2}A_1A_0,$$

$$Y_4 = A_2\overline{A_1}\,\overline{A_0}, Y_5 = A_2\overline{A_1}A_0, Y_6 = A_2A_1\overline{A_0}, Y_7 = A_2A_1A_0$$

所以这种译码器又称为最小项译码器。由此可得逻辑电路,如图 3-27 所示。

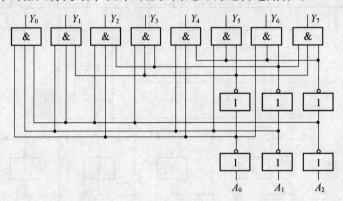

图 3-27 3位二进制译码器逻辑电路图

2. 十进制译码器

以 8421BCD 码为例。由于它需要 4 位二进制码,有 16 种状态,故有 6 个多余状态可以利用,化简时作为无关项考虑。其译码表见表 3-17。

表 3-17 8421BCD 译码表

输入代码	译码输出	输入代码	译码输出
$A_3A_2A_1A_0$	$Y_0Y_1Y_2Y_3Y_4Y_5Y_6Y_7Y_8Y_9$	$A_3A_2A_1A_0$	$Y_0Y_1Y_2Y_3Y_4Y_5Y_6Y_7Y_8Y_9$
0 0 0 0	1 0 0 0 0 0 0 0 0 0	1 0 0 0	0 0 0 0 0 0 0 0 0 1
0 0 0 1	0 1 0 0 0 0 0 0 0 0	1 0 0 1	0 0 0 0 0 0 0 0 0 1
0 0 1 0	0 0 1 0 0 0 0 0 0 0	1 0 1 0	× × × × × × × × × ×
0 0 1 1	0 0 0 1 0 0 0 0 0 0	1 0 1 1	× × × × × × × × × ×
0 1 0 0	0 0 0 0 1 0 0 0 0 0	1 1 0 0	× × × × × × × × × ×
0 1 0 1	0 0 0 0 0 1 0 0 0 0	1 1 0 1	× × × × × × × × × ×
0 1 1 0	0 0 0 0 0 0 1 0 0 0	1 1 1 0	× × × × × × × × × ×
0 1 1 1	0 0 0 0 0 0 0 1 0 0	1 1 1 1	× × × × × × × × × ×

由卡诺图化简可得如下译码关系：

$$Y_0 = \overline{A}_3\,\overline{A}_2\,\overline{A}_1\,\overline{A}_0\,,\,Y_1 = \overline{A}_3\,\overline{A}_2\,\overline{A}_1 A_0$$

$$Y_2 = \overline{A}_2 A_1\,\overline{A}_0\,,\,Y_3 = \overline{A}_2 A_1 A_0$$

$$Y_4 = A_2\,\overline{A}_1\,\overline{A}_0\,,\,Y_5 = A_2\,\overline{A}_1 A_0$$

$$Y_6 = A_2 A_1\,\overline{A}_0\,,\,Y_7 = A_2 A_1 A_0$$

$$Y_8 = A_3\,\overline{A}_0\,,\,Y_9 = A_3 A_0$$

其译码电路如图 3 - 28 所示。

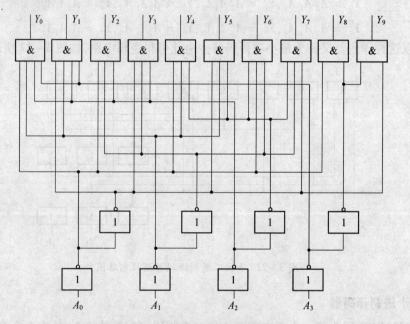

图 3 - 28　8421BCD 码译码器

3. 集成译码器

集成译码器与前面讲述的译码器工作原理一样,但考虑集成电路的特点,有以下几个问题:

(1) 为了减轻信号的负载,故集成电路输入一般都采用缓冲级,这样外界信号只驱动一个门。

(2) 为了降低功率损耗,译码器的输出端常常是反码输出,即输出低电平有效。

(3) 为了便于扩大功能,增加了一些功能端,如使能端等。

图 3 - 29 是集成 3 - 8 线译码器(74LS138)的电路图和逻辑符号,表 3 - 18 为其功能表。

该电路除了 3 个二进制码输入端、8 个与其值相应的输出端外,还设置了两组使能端,即 S_1 和 $\overline{S}_2\,\overline{S}_3$,这样既充分利用了封装体的引脚,又增强了逻辑功能。只有当 $S_1\,\overline{S}_2\,\overline{S}_3 = 100$ 时,该集成译码器才工作,输出决定于输入的二进制码。

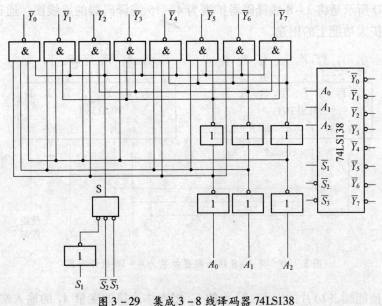

图 3 – 29 集成 3 – 8 线译码器 74LS138

表 3 – 18 3 – 8 线译码器 74LS138 功能表

输 入					输　　出							
允许		选择										
S_1	$\overline{S_2}+\overline{S_3}$	A_2	A_1	A_0	$\overline{Y_0}$	$\overline{Y_1}$	$\overline{Y_2}$	$\overline{Y_3}$	$\overline{Y_4}$	$\overline{Y_5}$	$\overline{Y_6}$	$\overline{Y_7}$
×	1	×	×	×	1	1	1	1	1	1	1	1
0	×	×	×	×	1	1	1	1	1	1	1	1
1	0	0	0	0	0	1	1	1	1	1	1	1
1	0	0	0	1	1	0	1	1	1	1	1	1
1	0	0	1	0	1	1	0	1	1	1	1	1
1	0	0	1	1	1	1	1	0	1	1	1	1
1	0	1	0	0	1	1	1	1	0	1	1	1
1	0	1	0	1	1	1	1	1	1	0	1	1
1	0	1	1	0	1	1	1	1	1	1	0	1
1	0	1	1	1	1	1	1	1	1	1	1	0

此时,有

$$\overline{Y_0} = \overline{\overline{A_2}\,\overline{A_1}\,\overline{A_0}} = \overline{m_0}, \overline{Y_1} = \overline{\overline{A_2}\,\overline{A_1}A_0} = \overline{m_1}, \overline{Y_2} = \overline{\overline{A_2}A_1\,\overline{A_0}} = \overline{m_2},$$

$$\overline{Y_3} = \overline{\overline{A_2}A_1A_0} = \overline{m_3}, \overline{Y_4} = \overline{A_2\,\overline{A_1}\,\overline{A_0}} = \overline{m_4}, \overline{Y_5} = \overline{A_2\,\overline{A_1}A_0} = \overline{m_5},$$

$$\overline{Y_6} = \overline{A_2A_1\,\overline{A_0}} = \overline{m_6}, \overline{Y_7} = \overline{A_2A_1A_0} = \overline{m_7}$$

可见,如果把输入看作变量,把输出看作函数,则每一个输出都对应了输入变量的一个最小项(低电平有效),所以它属于最小项译码器。

43

图 3 - 30 所示是将 3 - 8 线译码器扩展为 4 - 16 线译码器的连线图。通过此图可看出使能端在扩大功能上的用途。

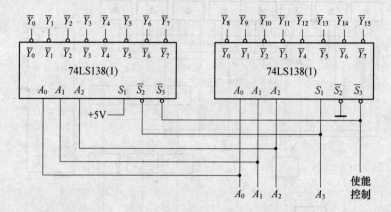

图 3 - 30 将 3 - 8 线译码器扩展为 4 - 16 线译码器

$\overline{S}_3$ 作为使能端,(1)片的 $\overline{S}_2$ 与(2)片的 S_1 相连作为第四变量 A_3 的输入端。在 $\overline{S}_3 = 0$ 的前提下,当 $A_3 = 0$ 时,(1)片工作,(2)片禁止,输出由(1)片决定;当 $A_3 = 1$ 时,(1)片禁止,(2)片工作,输出由(2)片决定,其关系如下:

	A_3	A_2	A_1	A_0	输出
	0	0	0	0	$\overline{Y_0}$
	0	0	0	1	$\overline{Y_1}$
	0	0	1	0	$\overline{Y_2}$
(1) 片工作	0	0	1	1	$\overline{Y_3}$
	0	1	0	0	$\overline{Y_4}$
	0	1	0	1	$\overline{Y_5}$
	0	1	1	0	$\overline{Y_6}$
	0	1	1	1	$\overline{Y_7}$

	A_3	A_2	A_1	A_0	输出
	1	0	0	0	$\overline{Y_8}$
	1	0	0	1	$\overline{Y_9}$
	1	0	1	0	$\overline{Y_{10}}$
(2) 片工作	1	0	1	1	$\overline{Y_{11}}$
	1	1	0	0	$\overline{Y_{12}}$
	1	1	0	1	$\overline{Y_{13}}$
	1	1	1	0	$\overline{Y_{14}}$
	1	1	1	1	$\overline{Y_{15}}$

4. 七段字形显示译码驱动器

数字显示译码器是与上不同的另一种译码器，它是用来驱动数码管的中规模器件。其作用是将输入的 4 位 BCD 码 D、C、B、A 翻译成与其对应的七段字形输出信号，用于显示字形。

常用的七段字形译码器有 TTL 的 74LS38、74LS238（内部带有上拉电阻）和 CMOS 的 CD4511、MC14543、MC14547 等。数码管根据发光段数分为七段数码管和八段数码管，发光管可以用荧光材料（称为荧光数码管）或是发光二极管（称为 LED 数码管），或是液晶（称为 LCD 数码管）。通过它，可以将 BCD 码变成十进制数字，并在数码管上显示出来。在数字式仪表、数控设备和微型计算机中是不可缺少的人机联系手段。

由于各种显示器件的驱动要求不同，对译码器的要求也各不相同，因此需要先对字符显示器件作简单介绍，然后再介绍显示译码器。

1）LED

LED 是一个小型的固体显示器件，是一种特殊的二极管，它利用注入式场致发光现象，把电能转换成可见光（光能）。当外加正向电压时，其中的电子可以直接与空穴复合，放出光子，发出清晰悦目的光线。它可以封装成单个的发光二极管，也可以封装成 LED 数码管，如图 3 - 31 所示。LED 的发光强度基本上与正向电流大小呈线性关系。图3-32（a）是伏安特性，图 3 - 32（b）是驱动电路，由图 3 - 33（a）可知，它的死区电压比普通二极管高，其正向工作电压一般为 1.5V ~ 2V，达到光可见度的电流需几到十几毫安。不同材料制成的 LED，其发光颜色不同，其特性也有差异，目前常用的有磷化镓（深绿）、磷砷化镓（红）等。

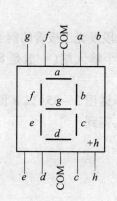

图 3 - 31　LED 数码管

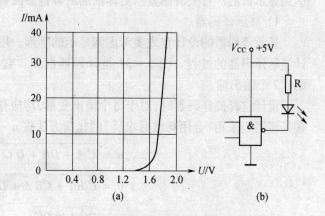

图 3 - 32　发光二极管的伏安特性和驱动电路
（a）伏安特性；（b）与非门驱动电路。

2）LED 显示器

用 LED 构成数字显示器件时，需将若干个 LED 按照数字显示的要求集成一个图案，就构成 LED 显示器（俗称"数码管"）。

LED 数码管每一段为一发光二极管，所以只要加上适当的正向电压，该段即可发光。LED 数码管内部接法有两种，即共阳极接法和共阴极接法，如图 3 - 33 所示。要使其对应段发光,前一种接法应使相应极为低电平,后一种接法应使相应极为高电平。

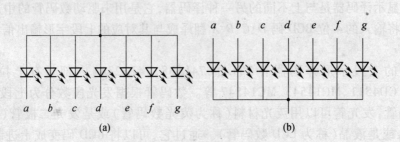

图 3 - 33　LED 数码管的两种接法
（a）共阳极；（b）共阴极。

半导体发光二极管显示器件的优点是体积小、重量轻、寿命长、响应速度快、工作可靠、颜色丰富。能与 TTL、CMOS 器件直接配合,简化了驱动电路,因此在电子仪器、计算机和数控系统等方面获得了广泛应用。缺点是功耗较大。

3) 液晶显示器

液晶显示器是一种新型的平板薄型显示器件。由于它所需驱动电压低,工作电流非常小,配合 CMOS 电路可以组成微功耗系统,故广泛地应用于电子钟表、电子计算器以及仪器仪表中。

液晶是一种介于晶体和液体之间的有机化合物。常温下既有液体的流动性和连续性,又具有晶体的某些光学特性。液晶显示器件本身不发光（在黑暗中不能显示数字）,而是依靠在外界电场作用下,产生光电效应,调制外界光线,使液晶不同部位显现反差来达到显示目的。有关液晶显示更详细的内容请参阅有关书籍。

4) 显示译码器

显示译码器的设计首先要考虑到显示的字形。用驱动七段发光二极管的例子说明设计显示译码器的过程。图 3 - 34 是译码器框图。它具有 4 个输入端（一般是 8421BCD 码）,7 个输出端。

设计这样的译码器时,对于每个输出变量,均应作出其卡诺图 3 - 35（以 a 段为例）,在卡诺图上采用"合用 0 然后求反"的化简方法将 $a \sim g$ 化简,得到

$$a = \overline{C\bar{A} + DB + \bar{D}\,\bar{C}\,BA}$$

$$b = \overline{\bar{C}\,\bar{B}A + CB\bar{A} + DB}$$

$$c = \overline{\bar{C}B\bar{A} + DC}$$

$$d = \overline{\bar{C}\,\bar{B}A + C\,\bar{B}\,\bar{A} + CBA}$$

$$e = \overline{A + \bar{C}B}$$

$$f = \overline{B A + \bar{C}B + \bar{D}\,\bar{C}A}$$

$$g = \overline{CBA + \bar{D}\,\bar{C}\,B}$$

46

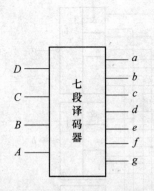

图 3-34　七段显示译码器框图

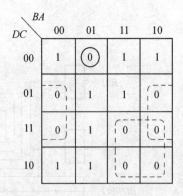

图 3-35　a 段卡诺图

集成时为了扩大功能,增加了灯测试信号 LT、灭灯输入信号 BI、灭"0"输入 RBI、和灭"0"输出 RBO。功能介绍如下:

(1) LT——灯测试输入。

当 $LT=0$、$BI/RBO=1$ 时,不管 RBI 及 DC、BA 输入是什么状态,$a \sim g$ 全为 1,所有段全亮,显示 8。它主要用作检验数码管是否损坏及电路接线是否正确。

(2) BI——灭灯输入。

当 $BI=0$,不论其他输入状态如何,七段数码均处于熄灭状态,不显示数字。因此,灭灯输入端 BI 可用作对显示与否的控制,例如闪字、与同一步信号联动显示等。

(3) RBI——动态灭零输入。

当 $RBI=0$ 时,只有在 $LT=1$,且 $DCBA=0000$ 时,$a \sim g$ 才均为 0,各段熄灭,不显示"0",而 $DCBA$ 为其他各种组合时,正常显示。它主要用来熄灭无效的前零和后零。如 0093.2300,显示前两个零和后两个零均无效,则可以使用 RBI 使之熄灭,显示 93.23。

(4) RBO——动态灭零输出。

它在灭灯输入 $BI=0$ 或动态灭零输入 $RBI=0$ 且 $LT=1$、$DCBA=0000$ 时,方输入 0。用它与 RBI 配合,可方便消去混合小数的前零和无用的尾零。

BCD 七段显示译码器如图 3-36 所示。

5. 译码器的应用

译码器除了用来驱动各种显示器件外,还可实现存储系统和其他数字系统的地址译码、组成脉冲分配器、程序计数器、代码装换和逻辑函数发生器等。

由最小项译码器可知,它的每一输出端就表示一个最小项,利用这个特点,可以实现组合逻辑电路的设计,而不需经过化简过程。

例 3-7　用 3-8 线译码器 74LS138 配以门电路设计 1 位二进制全减器电路。输入为被减数、减数和来自低位的借位;输出为两数之差及向高位的借位信号。74LS138 的功能见表 3-19,接线图如图 3-37 所示。

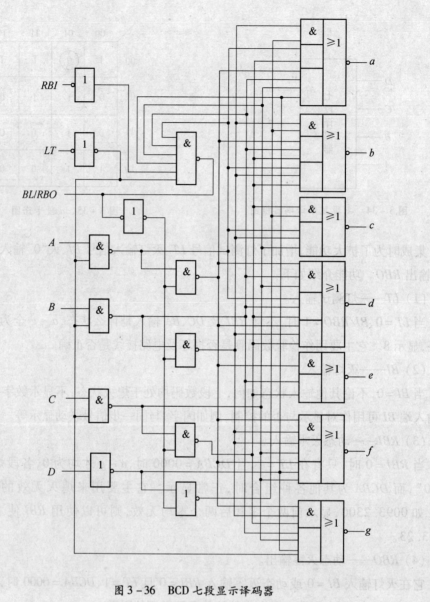

图 3-36　BCD 七段显示译码器

表 3-19　线译码器 74LS138 功能表

输入					输 出							
允许		选择										
S_1	$\overline{S_2}+\overline{S_3}$	A_2	A_1	A_0	$\overline{Y_0}$	$\overline{Y_1}$	$\overline{Y_2}$	$\overline{Y_3}$	$\overline{Y_4}$	$\overline{Y_5}$	$\overline{Y_6}$	$\overline{Y_7}$
×	1	×	×	×	1	1	1	1	1	1	1	1
0	×	×	×	×	1	1	1	1	1	1	1	1
1	0	0	0	0	0	1	1	1	1	1	1	1
1	0	0	0	1	1	0	1	1	1	1	1	1

（续）

输入					输出							
允许		选择										
S_1	$\overline{S_2}+\overline{S_3}$	A_2	A_1	A_0	$\overline{Y_0}$	$\overline{Y_1}$	$\overline{Y_2}$	$\overline{Y_3}$	$\overline{Y_4}$	$\overline{Y_5}$	$\overline{Y_6}$	$\overline{Y_7}$
1	0	0	1	0	1	1	0	1	1	1	1	1
1	0	0	1	1	1	1	1	0	1	1	1	1
1	0	1	0	0	1	1	1	1	0	1	1	1
1	0	1	0	1	1	1	1	1	1	0	1	1
1	0	1	1	0	1	1	1	1	1	1	0	1
1	0	1	1	1	1	1	1	1	1	1	1	0

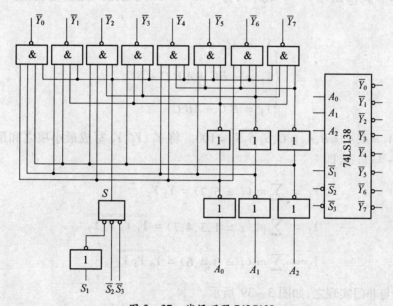

图 3-37　线译码器 74LS138

解：设 a_i 为被减数，b_i 为减数，c_{i-1} 为来自低位的借位，D_i 为差，C_i 为本位向高位的借位。首先列出全减器真值表，见表 3-20，然后将差与借位写成最小之和的形式，再化为与非—与非表达式。最后外加与非门实现之。由全减器真值表可知

$$D_i = \overline{a_i}\,\overline{b_i}c_{i-1} + \overline{a_i}b_i\,\overline{c_{i-1}} + a_i\,\overline{b_i}\,\overline{c_{i-1}} + a_i b_i c_{i-1} =$$

$$m_1 + m_2 + m_4 + m_7 = \overline{\overline{m_1}\cdot\overline{m_2}\cdot\overline{m_4}\cdot\overline{m_7}} = \overline{\overline{Y_1}\cdot\overline{Y_2}\cdot\overline{Y_4}\cdot\overline{Y_7}}$$

同理可知

$$C_i = \overline{\overline{Y_1}\cdot\overline{Y_2}\cdot\overline{Y_4}\cdot\overline{Y_7}}$$

令 $A_2 = a_i$，$A_i = b_i$，$A_0 = c_{i-1}$，可得

$$S_1\,\overline{S_2}\,\overline{S_3} = 100$$

全减器实现电路图如图 3-38 所示。

49

表 3 - 20　全减器真值表

a_i	b_i	c_{i-1}	D_i	C_i
0	0	0	0	0
0	0	1	1	1
0	1	0	1	1
0	1	1	0	1
1	0	0	1	0
1	0	1	0	0
1	1	0	0	0
1	1	1	1	1

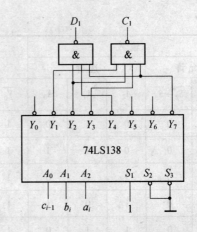

图 3 - 38　用 74LS138 实现全减器电路

例 3 - 8　试画出用 3 - 8 线译码器 74LS138 和门电路产生多输出逻辑函数的逻辑图:

$$\begin{cases} Y_1 = AC \\ Y_2 = \overline{A}\,\overline{B}C + A\overline{B}\,\overline{C} + BC \\ Y_3 = \overline{B}\,\overline{C} + AB\overline{C} \end{cases}$$

解:令 $A_2 = A, A_1 = B, A_0 = C, S_1\overline{S_2S_3} = 100$。将 Y_1、Y_2、Y_3 写成最小项之和形式,并变换成与非 — 与非式,即

$$Y_1 = \sum m_i(i = 5,7) = \overline{\overline{Y_5}\,\overline{Y_7}}$$

$$Y_2 = \sum m_i(i = 1,3,4,7) = \overline{\overline{Y_1}\,\overline{Y_3}\,\overline{Y_4}\,\overline{Y_7}}$$

$$Y_3 = \sum m_i(i = 0,4,6) = \overline{\overline{Y_0}\,\overline{Y_4}\,\overline{Y_6}}$$

用外加与非门实现之,如图 3 - 39 所示。

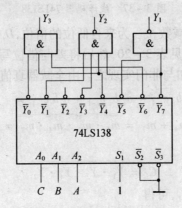

图 3 - 39　例 3 - 8 实现电路

50

3.3.3 加法器

数字系统的基本任务之一是进行算术运算。而在系统中加、减、乘、除均是利用加法来进行的,所以加法器便成为数字系统中最基本的运算单元。在数字设备中都是采用二进制数,而二进制运算可以用逻辑运算来表示。所以,可以用逻辑设计的方法来完成运算电路的设计。

1. 半加器

不考虑低位来的进位加法,称为半加。最低位的加法就是半加。完成半加功能的电路为半加器,半加器有两个输入端,分别为加数 A 和加数 B;输出也是两个,分别为和数 S 和向高位的进位位 C。其方框图如图3 –39所示。真值表见表3 –21。从真值表可得函数表达式,即

$$S = \overline{A}B + A\overline{B} = A \oplus B$$

$$C = AB$$

表3 –21 半加器真值表

AB	SC
00	00
01	10
10	10
11	01

半加器方框逻辑图如图3 –40所示,逻辑图如图3 –41所示。它是由异或门或与门组成,当然也可由与非门组成。

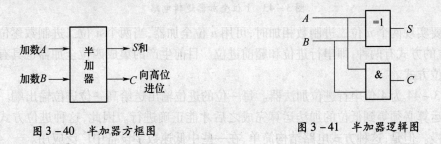

图3 –40 半加器方框图   图3 –41 半加器逻辑图

2. 全加器

除了最低位,其他位的加法需考虑低位向本位的进位。考虑低位来的进位的加法称为全加器,它具有三个输入端和两个输出端。其方框图如图3 –42所示,其真值表见,表3 –22。

由真值表3 –22可以看出,和函数 S_i 就是奇数电路,即输入变量有奇数个1时 S_i 为1,否则为0。进位函数就是一个三变量的多数表决器。两者凑起来,就组成一个全加器,但这不是最佳方案。采用异或门电路或者用与非门电路较简单。

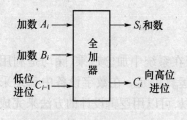

图 3-42 全加器方框图

表 3-22 全加器真值表

$A_iB_iC_{i-1}$	S_iC_i	$A_iB_iC_{i-1}$	S_iC_i
0 0 0	0 0	1 0 0	1 0
0 0 1	1 0	1 0 1	0 1
0 1 0	1 0	1 1 0	0 1
0 1 1	0 1	1 1 1	1 1

由真值表写出逻辑函数式,再加以变换,可得上述两种电路。函数变化过程如下:

$$S_i = \bar{A_i}\,\bar{B_i}C_{i-1} + \bar{A_i}B_i\,\bar{C}_{i-1} + A_i\,\bar{B_i}\,\bar{C}_{i-1} + A_iB_iC_i =$$

$$(\bar{A_i}B_i + A_i\,\bar{B_i})\,\bar{C}_{i-1} + (\bar{A_i}\,\bar{B_i} + A_iB_i)C_{i-1} =$$

$$(A_i \oplus B_i)\,\bar{C}_{i-1} + \overline{A_i \oplus B_i}C_{i-1} = A_i \oplus B_i \oplus C_{i-1}$$

$$C_i = A_i\,\bar{B_i}C_{i-1} + \bar{A_i}B_iC_{i-1} + A_iB_i\,\bar{C}_{i-1} + A_iB_iC_{i-1} =$$

$$(A_i\,\bar{B_i} + \bar{A_i}B_i)C_{i-1} + A_iB_i = (A_i \oplus B_i)C_{i-1} + A_iB_i$$

由上面两式组成的逻辑电路如图 3-43 所示。

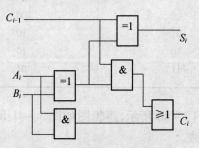

图 3-43 1 位全加器逻辑电路

当要实现两个 n 位二进制数相加时,可用 n 位全加器,当两个 n 位二进制数逐位相加时,进位的方式有两种,即串行进位和超前进位。目前生产的集成四位全加器也具有上述两种进位方式。

图 3-44 为 4 位串行进位加法器。每一位的进位输出送给高一位进位输出端。高位的加法运算必须等到低位的加法运算完成之后才能正确进行。因此,这种进位方式运算速度较慢。但是,这种方式电路结构简单,在一些中低速数字设备中广泛应用。

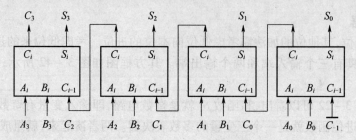

图 3-44 4 位串行进位加法器

52

为了提高运算速度可采用超前进位方式。这种方式下,各级进位都可同时产生,每位加法不必等低位运算结果,故提高了速度。这种电路结构较为复杂。关于超前进位,读者可参阅相关书籍。

本 章 小 结

门电路是构成各种复杂数字电路的基本逻辑单元,掌握各种门电路的逻辑功能和电气特性,对于正确使用数字集成电路是十分必要的。目前应用最广的是 CMOS 和 TTL 两类集成门电路,尽管逻辑电路越来越复杂,但只要是 CMOS 电路,它们的输入端和输出端的电路结构就和这一章里所讲的 CMOS 门电路相同;只要是 TTL 电路,它们的输入端和输出端电路结构就和这一章里所讲的 TTL 电路相同。在使用 CMOS 器件时应特别注意掌握正确的使用方法,否则容易造成器件损坏。

在这一章里,我们还讲述了组合逻辑电路的分析和设计方法,以及若干常用组合逻辑电路的原理和使用方法。考虑到有些种类的组合逻辑电路使用特别频繁,为便于使用,把它们制成了标准化的中规模集成器件,供用户直接选用。这些器件包括编码器、译码器、数据选择器、加法器等。为了增加使用的灵活性,也为了便于功能扩展,在多数规模集成的组合逻辑电路上都设置了附加的控制端。这些控制端既可用于控制电路的状态,又可作为输出信号的选通输入端,还能用作输入信号的一个输入端以扩展电路功能。

尽管各种组合逻辑电路在功能上千差万别,但是它们的分析方法和设计方法都是共同的。掌握了分析的一般方法,就可以识别任何一个给定电路的逻辑功能;掌握了设计的一般方法,就可以根据给定的设计要求设计出相应的逻辑电路。因此,在学习这两节内容时应将重点放在分析方法和设计方法上,而不必去记忆各种具体的逻辑电路。

思考与练习题

3-1 分析图 3-44(a)、(b)两组合逻辑电路,比较两电路的逻辑功能。

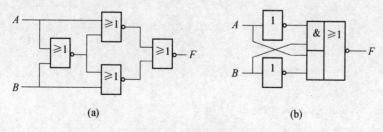

图 3-45　题 3-1 图

3-2 试设计一个 1 位二进制数全加器电路。

3-3 设计一个电路实现将 4 位循环码转换成 4 位 8421 二进制码。

3-4 在 3 个输入信号中,A 的优先权最高,B 次之,C 最低,它们通过编码器分别由 F_A、F_B、F_C 输出。要求同一时间只有一个信号输出,若两个以上信号同时输出时,优先权高的被输出,试求输出表达式和编码器的逻辑电路。

3-5 设计一个译码器。其真值表见表 3-23(未用状态作为约束项处理)。

表 3-23 题 3-5 真值表

C	B	A	F_0	F_1	F_2	F_3	F_4
0	0	0	1	0	0	0	0
0	0	1	0	1	0	0	0
0	1	0	0	0	1	0	0
0	1	1	0	0	0	1	0
1	0	0	0	0	0	0	1

3-6 写出图 3-46 中 Z_1、Z_2、Z_3 的逻辑函数式,并化简为最简的与—或表达式。74LS42 为拒伪的二一十进制译码器。当输入信号 $A_3A_2A_1A_0$ 为 0000~1001 这 10 种状态时,输出端从 $\overline{Y}_0$ 到 $\overline{Y}_9$ 依次给出低电平,当输入信号为伪码时,输出全为 1。

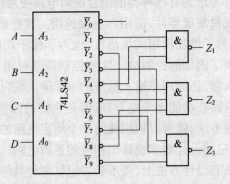

图 3-46 题 3-6 图

第4章 触发器

【学习目标】

1. 了解触发器的基本概念。
2. 掌握触发器的结构形式。
3. 掌握各种触发器的特点与逻辑功能。
4. 了解触发器的应用情况。

触发器是时序逻辑电路的基本单元,全称为双稳态触发器。它具有两个稳定状态,即 0 态和 1 态。在一定的条件下,可保持在一个状态下不变,只有在一定的外界触发信号作用下,触发器才会从一种稳态翻转到另一种稳态,故触发器具有记忆功能,可用来输入和存储二进制数字信息 1 和 0。

触发器的类型很多,按结构可分为基本型、主从型和维持阻塞型等;按逻辑功能可分为 RS 触发器、JK 触发器、D 触发器和 T 触发器等。

目前,用得最多、性能较好的还是集成触发器,而各种触发器都是从基本 RS 触发器发展而来的。

值得注意的是,对于使用者来说,学习掌握的重点应该是各种类型触发器的逻辑功能和触发方式,而内部电路结构是次要的,可不作为学习的重点。

4.1 RS 触发器

4.1.1 基本 RS 触发器

基本 RS 触发器是组成其他结构形式及各种功能触发器的基本组成部分,是最简单的触发器。

1. 电路结构

基本 RS 触发器可以用两个交叉耦合的"与非"门连接组成,其逻辑电路如图 4-1(a)所示。

基本 RS 触发器有两个输入端:$\overline{R_D}$ 称复位端,又称置 0 端;$\overline{S_D}$ 称置位端,又称置 1 端。符号 $\overline{R_D}$、$\overline{S_D}$ 上加有"非"号的,表示负脉冲触发,即低电平有效。当没有输入信号加入时,$\overline{S_D}$ 和 $\overline{R_D}$ 都保持高电平,即 $\overline{S_D} = \overline{R_D} = 1$。

基本 RS 触发器有两个输出端:Q 和 $\overline{Q}$。当 $Q = 0$、$\overline{Q} = 1$ 时,称触发器处于 0 态;当 $Q = 1$、$\overline{Q} = 0$ 时,称触发器处于 1 态。

图 4-1(b)是 RS 触发器逻辑符号。输入端带小圆圈表示低电平触发,或称低电平有

55

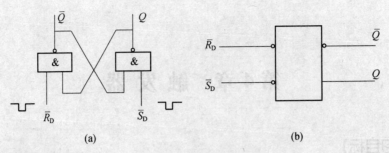

图 4-1 基本 RS 触发器

(a) 逻辑电路；(b) 逻辑符号。

效,这与 R_D、S_D 上的"非"号意义相同。输出端不加小圆圈的表示 Q 端,加小圆圈的表示 $\overline{Q}$ 端。

2. 逻辑功能

下面按两个输入端具有四种不同的输入组合,分析基本 RS 触发器的逻辑功能。

（1）$\overline{R_D} = \overline{S_D} = 1$,触发器保持原状态不变,此时触发器具有记忆功能,又称保持存储功能。

若触发器原状态为 0 态,这时 $Q = 0$,$\overline{Q} = 1$。$Q = 0$ 反馈到 G_1,$\overline{Q} = 1$ 反馈到 G_2,因为 G_1 的一个输入为 0,根据"有 0 出 1"的原则,G_1 输出 $\overline{Q} = 1$。于是 G_2 输入全为 1,由"全 1 出 0",G_2 输出 $Q = 0$,触发器维持 0 态不变。同理,当触发器原态为 1,即 $Q = 1$,$\overline{Q} = 0$,触发器维持 1 态不变。

（2）$\overline{R_D} = 0$,$\overline{S_D} = 1$,触发器为 0 态。此时称触发器置 0、清 0 或复位。

$\overline{R_D} = 0$ 时,G_1 输出 $\overline{Q} = 1$,G_2 因输入全 1,输出 $Q = 0$,触发器为 0 态,与原状态无关。

（3）$\overline{R_D} = 1$,$\overline{S_D} = 0$,触发器为 1 态,此时称触发器置 1 或置位。

$\overline{S_D} = 0$,G_2 输出 $Q = 1$,G_1 因输入全 1,输出 $\overline{Q} = 0$,触发器为 1 态,同样与原状态无关。

（4）当 $\overline{R_D} = \overline{S_D} = 0$ 时,触发器状态不定,禁用。$\overline{R_D} = \overline{S_D} = 0$,$Q = \overline{Q} = 1$,这破坏了 Q 和 $\overline{Q}$ 的互补关系,使触发器失效。而且当输入条件同时消失时,触发器是 0 态还是 1 态是不定的,这种情况在触发器工作时是不允许出现的,因此禁止 $\overline{R_D}$ 和 $\overline{S_D}$ 同时为 0 的情况出现。

3. 特性表

触发器的逻辑功能可用特性表列出（含有状态变量的真值表称为特性表）,见表 4-1。另外,需要说明的是,触发器的输出不仅与触发信号有关,而且与触发信号加入前的初始状态有关,且称这个初始状态为"初态",用 Q^n 表示。触发信号作用之后的新状态则称为"次态",用 $Q^n + 1$ 表示。

表 4-1 "与非"型基本 RS 触发器特性表（注:"×"表示状态不定）

$\overline{R_D}$	$\overline{S_D}$	Q^n	Q^{n+1}	功能
0	0	0	×	状态不定,禁用
		1	×	
0	1	0	0	置0
		1	0	

56

$\overline{R_D}$	$\overline{S_D}$	Q^n	Q^{n+1}	功　能
1	0	0	1	置1
		1	1	
1	1	0	0	保持
		1	1	

4. 特性方程

含有输入变量和状态变量的次态函数方程称为特性方程。由特性表可得到次态卡诺图，由次态卡诺图容易写出特性方程。次态卡诺图如图 4 – 2 所示，特性方程为

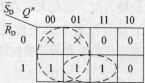

$$\begin{cases} Q^{n+1} = \overline{R_D}Q^n + S_D \\ \overline{R} + \overline{S} = 1 \quad （约束条件） \end{cases}$$

式中，因为 $\overline{R} = \overline{S} = 0$ 这种输入状态是不允许的，是应该禁止的，所以输入状态必须约束在 $\overline{R} + \overline{S} = 1$，故称它为约束条件。

图 4 – 2　次态卡诺图

综上所述，基本 RS 触发器具有置0、置1 和保持原状态不变的逻辑功能。

最后，通过一例题进一步理解基本 RS 触发器的逻辑功能。

例 4 – 1　若加到"与非"门组成的基本 RS 触发器 $\overline{R_D}$、$\overline{S_D}$ 上的信号波形如图 4 – 3 所示，试画出 Q 和 $\overline{Q}$ 端与之对应的波形，假定触发器的初始状态 $Q = 0$。

解：已知 $\overline{R_D}$、$\overline{S_D}$ 的波形，根据真值表可画出 Q 和 $\overline{Q}$ 的波形如图 4 – 3 所示。

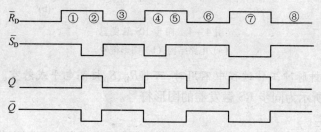

图 4 – 3　例 4 – 1 的波形图

为了便于说明，将图 4 – 3 分成①～⑧共八个时间段，设初态 $Q = 0$，则 $\overline{Q} = 1$。

（1）$\overline{R_D} = \overline{S_D} = 1$，触发器保持原状态，即 $Q = 0$，$\overline{Q} = 1$；

（2）$\overline{R_D} = 1$，$\overline{S_D} = 0$，触发器置1，即 $Q = 1$，$\overline{Q} = 0$；

（3）$\overline{R_D} = 0$，$\overline{S_D} = 1$，触发器置0，即 $Q = 0$，$\overline{Q} = 1$；

（4）$\overline{R_D} = 1$，$\overline{S_D} = 0$，触发器置1，即 $Q = 1$，$\overline{Q} = 0$；

（5）$\overline{R_D} = \overline{S_D} = 1$，触发器保持原状态 1 不变；

（6）$\overline{R_D} = 0$，$\overline{S_D} = 1$，触发器置0，即 $Q = 0$ $\overline{Q}$, $= 1$；

（7）$\overline{R_D} = 1$，$\overline{S_D} = 0$，触发器置1，即 $Q = 1$，$\overline{Q} = 0$；

(8) $\overline{R_\mathrm{D}}=0,\overline{S_\mathrm{D}}=1$，触发器置 0，即 $Q=0$，$\overline{Q}=1$。

4.1.2 同步 RS 触发器

在数字系统中，不仅仅要求触发器的输出状态由输入端所加的信号来决定，而且要求它按一定的时间节拍动作。为此，必须引入同步时钟脉冲控制信号，使触发器在控制信号到来后，输入信号才能引起输出状态的转换。这个同步的时钟脉冲控制信号称同步信号，又称时钟信号，用 CP 表示，受同步信号控制的触发器称同步 RS 触发器。

1. 电路结构

同步 RS 触发器在由与非门组成的基本 RS 触发器基础上，增加两个控制门 G_3 和 G_4，并加入时钟脉冲输入端 CP。图 4 –4(a)中，R 为置 0 端，又称复位输入端；S 为置 1 端，又称置位输入端。而 $\overline{R_\mathrm{D}}$ 和 $\overline{S_\mathrm{D}}$ 在时钟脉冲工作前，可预先使触发器处于某一给定状态，因此 $\overline{R_\mathrm{D}}$ 称直接复位端，$\overline{S_\mathrm{D}}$ 称直接置位端。又由于它们的作用不受时钟脉冲 CP 的控制，还分别称作异步复位端和异步置位端。

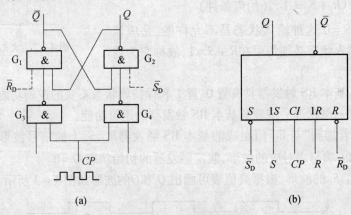

图 4 –4 同步 RS 触发器
(a) 电路结构；(b) 图形符号。

[注意]在时钟脉冲工作过程中不用时，可将 $\overline{R_\mathrm{D}}$、$\overline{S_\mathrm{D}}$ 接高电平或悬空。

图 4 –4(b)所示为同步 RS 触发器的图形符号。

2. 逻辑功能

(1) $CP=0$ 时，门 G_3、G_4 截止，此时无论输入端 R 和 S 状态如何变化，门 G_3、G_4 的输出均为 1，所以基本 RS 触发器状态保持不变，即同步 RS 触发器的状态不变。

(2) $CP=1$ 时，门 G_3、G_4 打开，于是触发器的状态随 R、S 状态的不同而不同，下面对触发器工作情况进行讨论。

① $R=0$，$S=1$，触发器为 1 态。

由 $S=1$、$CP=1$ 可知，G_4 输出为 0，由 $R=0$ 可知，G_3 输出为 1，所以不管触发器原来处于何种状态，触发器为 1 状态。

② $R=1$，$S=0$，触发器为 0 态。

由 $R=1$、$CP=1$ 可知，门 G_3 输出为 0，由 $S=0$ 可知，G_4 输出为 1，所以不管触发器原来处于何种状态，触发器为 0 态。

③ $R=0$，$S=0$，触发器保持原状态。

当 $R=0$、$S=0$ 时，无论 CP 为何值，门 G_3、G_4 输出都为 1，触发器的状态不变。

④ 当 $R=1$、$S=1$ 时，触发器状态不能确定，这种情况应禁止出现。

3. 特性表

由以上同 RS 触发器的逻辑功能可得到在 $CP=1$ 时的特性表，见表 4−2。

表 4−2　同步 RS 触发器特性表

R	S	Q^n	Q^{n+1}	功　能
0	0	0	0	保持
0	0	1	1	
0	1	0	1	置1
0	1	1	1	
1	0	0	0	置0
1	0	1	0	
1	1	0	×	禁止
1	1	1	×	

注：* 表示状态不定

4. 特征方程

由特性表可得状态卡诺图，如图 4−5 所示。

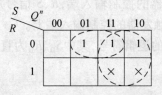

图 4−5　次态卡诺图

由次态卡诺图可得特性方程为

$$\begin{cases} Q^{n+1} = S + \overline{R}Q^n \\ SR = 0 \quad （约束条件） \end{cases}$$

例 4−2　可控 RS 触发器的 CP、R、S 端的波形如图 4−6 所示，画出触发器输出端 Q 和 $\overline{Q}$ 的波形。设 Q 的初态为 0。

解：将图分为 ①～⑥ 共六个时间段：① $CP=0$，$Q=0$，保持不变；②$R=1$，$S=0$，$CP=1$，$Q=0$；③$R=0$，$S=1$，$CP=1$，触发器翻转，$Q=1$；④$CP=0$，不论 R、S 如何变化，$Q=1$ 不变；⑤$CP=1$，$R=S=1$，$Q=\overline{Q}=1$ 为不正常状态；⑥$CP=0$，触发器失控为不定状态。

上面介绍的同步 RS 触发器存在的问题是：① 在 $CP=0$ 期间，R、S 输入端状态的变化将引起 Q、$\overline{Q}$ 的相应变化，甚至发生多次翻转（"空翻"现象），如果这时有干扰信号出现在输入端，也可能做出反应；因此这种电路的抗干扰性差。② RS 触发器存在约束条件（RS＝0），使用不方便。由于基本 RS 和同步 RS 触发器或多或少存在一些缺点，因此，目前大多采用性能优良的边沿触发器，以提高触发器的抗干扰能力。有关边沿触发器的问题将在下两节中加以介绍。

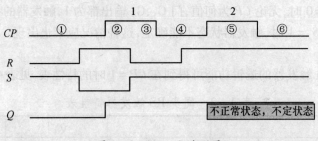

图 4-6 例 4-2 波形图

Q 栏标注：不正常状态，不定状态

4.2 主从 JK 触发器

为了彻底解决同步 RS 触发器的"空翻"问题,更为了便于使用,对其电路的结构加以改进,从而出现主从 RS 触发器和主从 JK 触发器。

4.2.1 主从 RS 触发器

1. 电路结构

图 4-7(a)为主从结构的 RS 触发器,它是由两个同步 RS 触发器和一个"非"门组成,E、F、G、H 四个"与非"门构成主触发器,A、B、C、D 四个"与非"门构成了从触发器。主触发器的输出端加到从触发器的控制输入端,R、S 信号加到主触发器上,CP 脉冲通过一个"非"门分时地加在主、从触发器的控制输入端上。

图 4-7(b)为主从触发器的逻辑符号,其中 $\overline{S}_D$、$\overline{R}_D$ 为直接置位、复位控制端,图中输出端折线表示主从结构。

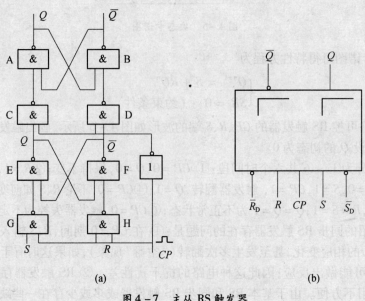

(a)   (b)

图 4-7 主从 RS 触发器

(a) 电路;(b) 逻辑符号。

60

2. 逻辑功能

当 $CP=1$ 时,主触发器的 G、H 门被打开,从触发器的输入端 C、D 门由于非门对 CP 的反相作用而被封死,主触发器的输入端接收 R、S 信号。设 $R=0$,$S=1$,则在 CP 上升沿到达时,主触发器置 1,即 $Q'^{n+1}=1$,$\overline{Q'^{n+1}}=0$。由于从触发器输入端被封死,从触发器状态不变。

当 CP 由 1 变到 0 时,主触发器 G、H 门被封死,而从触发器的两个输入端 C、D 门被打开,此时主触发器存储的内容被送到从触发器中,使从触发器的状态和主触发器的状态保持一致。

以上分析可知,主、从触发器的状态翻转分两步进行。第一步,当 CP 由 0 变至 1 及 $CP=1$ 期间,主触发器接收输入信号,从触发器状态维持不变。第二步,当 CP 到下降沿时,主触发器被封锁,状态维持不变,从触发器接收此时主触发器状态,输出状态发生变化。因此,就整个触发器来说,它的状态在 $CP=1$ 时是不变的,仅在 CP 的下降沿时改变状态一次。

虽然主从 RS 触发器解决了 $CP=1$ 期间可能发生多次翻转问题,但由于主触发器是同步 RS 触发器,对输入信号仍存在约束条件,为了便于使用,对电路结构还需进一步改进,于是出现了 JK 触发器。

4.2.2 主从 JK 触发器

1. 电路结构

把主从 RS 触发器的 Q 端连接到 R 端,$\overline{Q}$ 端连接到 S 端,同时 G、H 上分别加输入控制信号 J、K。电路如图 4-8(a)所示,图(b)为其逻辑符号,CP 输入端的小圆圈和折线表示触发器改变状态的时间在 CP 的下降沿,称"下降沿触发"。

2. 逻辑功能

（1）$JK=00$,触发器状态不变。

由于此时 $J=K=0$,主触发器的 G、H 门被封锁,即使 CP 脉冲到来,触发器状态仍保持不变。

（2）$JK=01$,在 CP 脉冲下降沿时将使触发器置 0。

① 当触发器初态 $Q^n=0$、$\overline{Q^n}=1$ 时,门 G 被 Q 端低电平封锁,门 H 被输入端的 $J=0$ 封锁,所以主触发器无论 $CP=1$ 还是 $CP=0$,状态均不变,当然整个触发器的状态也不会改变,故次态 $Q^{n+1}=Q^n=0$,$\overline{Q^{n+1}}=\overline{Q^n}=1$。

② 当触发器初态 $Q^n=1$、$\overline{Q^n}=0$ 时,在 CP 脉冲上升沿时,由于门 G 的输入均为 1,使门 G 输出为 0,则 $\overline{Q'^{n+1}}=1$,$Q'^{n+1}=0$,该状态不会传送到从触发器(因为 $\overline{CP}=0$),故整个触发器状态也不会变,在 CP 脉冲为下降沿时,$CP=0$、$\overline{CP}=1$,主触发器被封锁,从触发器接收来自主触发器的状态,从而 $Q^{n+1}=0$、$\overline{Q^{n+1}}=1$。

（3）$JK=10$ 时,因电路具有对称性,按上述分析方法,可得出在 CP 脉冲下降沿将使触发器置 1。

（4）$JK=11$ 时,每来一个 CP 下降沿时触发器翻转一次,称计数或取反。

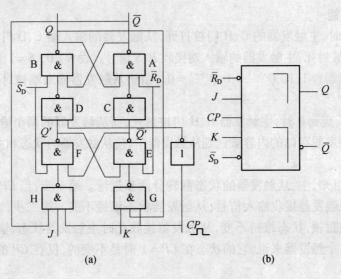

(a)   (b)

图 4 - 8　JK 触发器

(a) 电路;(b) 逻辑符号。

① 当 $Q^n = 0$、$\overline{Q}^n = 1$ 时,在 CP 脉冲上升沿时,由于门 H 的输入均为 1,G 的输入有一个为 0,所以门 H 输出为 0,G 输出为 1,使 $Q'^{n+1} = 1$,$\overline{Q'}^{n+1} = 0$,在 CP 下降沿来到时,$Q^{n+1} = 1$,$\overline{Q}^{n+1} = 0$;

② 当 $Q^n = 1$、$\overline{Q} = 0$ 时,同理可知,当 CP 下降沿时,$Q^{n+1} = 0$,$\overline{Q}^{n+1} = 1$。由此可见,JK 触发器具有保持置 0、置 1 和计数等功能。

3. 特性表

将上述分析列成表,见表 4 - 3。

表 4 - 3　JK 触发器特性表

J	K	Q^n	Q^{n+1}	功 能
0	0	0	0	保持
		1	1	
0	1	0	0	置0
		1	0	
1	0	0	1	置1
		1	1	
1	1	0	1	计数
		1	0	

4. 特性方程

由特性表可得次态卡诺图,如图 4 - 9 所示。

由次态卡诺图可得特性方程为

$$Q^{n+1} = J\,\overline{Q}^n + \overline{K}Q^n$$

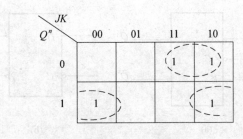

图 4 – 9　卡诺图

例 4 – 3　下降沿触发的 JK 触发器的 JK 及 CP 波形如图 4 – 10 所示,试画出 Q 的波形图(设初态 $Q = 0$)。

解:① 下降沿来到时,$J = 1$,$K = 0$,触发器置 1,即 $Q = 1$。② 下降沿到来时,$J = 0$,$K = 0$,触发器保持原状态,$Q = 1$。③ 下降沿到来时,$J = 0$,$K = 1$,触发器置 0,即 $Q = 0$。④ 下降沿到来时,$J = 1$,$K = 1$,触发器翻转,即 $Q = 1$。⑤ 下降沿到来时,$J = 1$,$K = 1$,触发器翻转,即 $Q = 0$。⑥ 下降沿到来时,$J = 0$,$K = 0$,保持原状态,即 $Q = 0$。

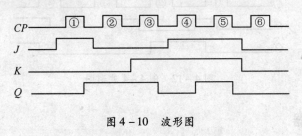

图 4 – 10　波形图

4.3　D 触发器和 T 触发器

JK 触发器有 J、K 两个输入端,需要两个控制信号。而 D 触发器和 T 触发器,只有一个输入端 D 和 T,故只需要一个控制信号。这样,在有些情况下,为了使用更加方便,需将 JK 触发器改接成 D 触发器和 T 触发器。

4.3.1　D 触发器

1. 电路构成

在 JK 触发器的 K 端前面串接一个"非"门,再和 J 端相连,引出一个输入端,用 D 表示,这样的触发器 D 称触发器。图 4 – 11 (a) 是 D 触发器逻辑图,图(b)为它的逻辑符号。

2. 逻辑功能

(1) $D = 1$,置 1。当 $D = 1$ 时,$J = 1$,$K = 0$,脉冲下降沿到来时,触发器置 1,即 $Q^{n+1} = 1$。

(2) $D = 0$,置 0。当 $D = 0$,$J = 0$,$K = 1$,脉冲下降沿到来时,触发器置 0,即 $Q^{n+1} = 0$。

综上所述,在 CP 脉冲下降沿到来时,D 触发器的状态与其输入端状态相同,即 $Q^{n+1} = D$。

63

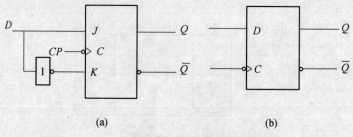

(a)   (b)

图 4 - 11   D 触发器

(a)逻辑图;(b)逻辑符号。

例 4 - 4 在图 4 - 11(a)中,若触发器的初态为 0,试根据图 4 - 12 所示 CP、D 端波形,画出与之对应的 Q 端波形。

解:由于图 4 - 11(a)是下降沿触发器的边沿触发器,所以触发器的次态只取决于 CP 下降沿到达时 D 端的状态,Q 端波形如 4 - 12 所示。

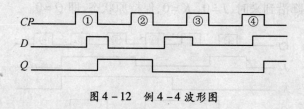

图 4 - 12   例 4 - 4 波形图

4.3.2   T 触发器

1. 电路构成

把 JK 触发器的两个输入端 J、K 连在一起,作为一个输入端 T,就构成 T 触发器。图 4 - 13(a)是 T 触发器逻辑图,图(b)是它的逻辑符号。

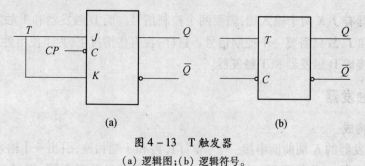

(a)   (b)

图 4 - 13   T 触发器

(a)逻辑图;(b)逻辑符号。

2. 逻辑功能

(1) $T = 0$,保持原态不变。$T = 0$,相当于 $J = K = 0$,在 CP 脉冲下降沿到来时,触发器维持原态不变,即 $Q^{n+1} = Q^n$。

(2) $T = 1$,计数状态。$T = 1$,相当于 $J = K = 1$,在 CP 脉冲下降沿到来时,触发器状态发生翻转,即 $Q^{n+1} = \overline{Q^n}$。

由上述分析可知,T 触发器具有保持和计数两种功能,受 T 端输入信号控制。$T = 0$,不计数;$T = 1$,计数。因此,T 触发器是一种可控制的计数触发器。

例 4-5   在图 4-13 所示电路中,若触发器初态为 0,试根据图 4-14 所示 CP、T 端波形,画出与之对应的 Q 的波形。

解:该触发器为下降沿触发的边沿触发器。

① 下降沿到来时,$T=0$,触发器维持 0 态,即 $Q=0$;

② 下降沿到来时,$T=1$,触发器翻转,$Q=1$;

③ 下降沿到来时,$T=1$,触发器翻转,$Q=0$;

④ 下降沿到来时,$T=0$,触发器维持 0 态不变,$Q=0$;

⑤ 下降沿到来时,$T=1$,触发器翻转,即 $Q=1$。

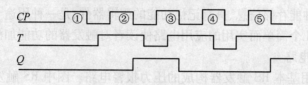

图 4-14   例 4-5 波形图

4.4   CMOS 触发器

CMOS 触发器是利用 CMOS 门电路组成的触发器,和双极型晶体管组成的触发器相比较,它具有功耗低、抗干扰能力强、电源适应范围大、结构简单等优点。随着 CMOS 技术的发展,它的工作速度越来越高,所以 CMOS 集成触发器应用越来越广泛。本节着重介绍 CMOS 边沿 D 触发器。

1. 电路组成

图 4-15 所示电路是主从结构的 CMOS 边沿 D 触发器。其中,主触发器由 TG_1 和 TG_2 和反相器 G_1、G_2 组成,从触发器由 TG_3、TG_4 和反相器 G_3、G_4 组成。TG_1、TG_3 分别为主、从触发器的输入控制门。

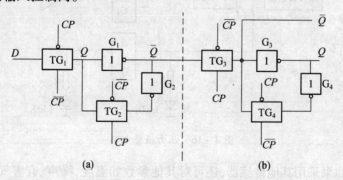

图 4-15   CMOS 边沿 D 触发器

(a) 主触发器;(b) 从触发器。

2. 逻辑功能

当 $CP=0$、$\overline{CP}=1$ 时,TG_1 导通,TG_2 截止,D 输入信号送入主触发器,使 $Q'=D$。由于此时 TG_3 截止,从触发器保持原态不变。

当 $CP=1$、$\overline{CP}=0$ 时，TG_1 截止，而 TG_2、TG_3 导通。TG_1 的截止切断了触发器与输入端 D 的联系，并把 Q' 在 TG_1 切断前的状态保存下来。又由于 TG_3 导通，主触发器保存的 D 状态被送到从触发器中，使 $Q=Q'=D$。

由此可见，输出端状态的转换发生在 CP 脉冲的上升沿，而触发器保存下来的状态仅仅是 CP 脉冲上升沿到达前的输入状态，因此这个电路是上升沿触发的边沿触发器。

4.5　触发器应用实例

触发器是一种能存储信息、具有记忆功能的逻辑器件，是一种用途十分广泛的数字单元电路。现通过几个简单而实用的应用电路使读者对触发器的功能加深了解。

1. 压力报警电路

图 4-16 是用基本 RS 触发器构成的压力报警电路。图中 RS 触发器用来记忆压力系统的不安全状态，即 $\overline{Q}=1$ 的状态。压力正常时，压力传感器输出高电平（1 态），RS 触发器保持 1 态，（$Q=1$，$\overline{Q}=0$）不变。发光二极管 LED_1 加正向电压，发出绿光；非门 G_2 出 0，LED_2（红光）不亮；因 $\overline{Q}=0$，与门 G_1 有 0 出 0，喇叭不响。当压力超过安全值，压力传感器输出低电平（0 态），使 LED_1 暗（绿），LED_2 亮（红），同时 RS 触发器翻转，$Q=0$，$\overline{Q}=1$，与门 G_1 全 1 出 1，喇叭发出报警信号。当值班人员进行处理，使压力恢复正常后，传感器输出高电平，使 $R=1$；再合上开关 S，$S=0$，这时触发器翻转，恢复到正常状态，即 $Q=1$，$\overline{Q}=0$，使喇叭停止发声。

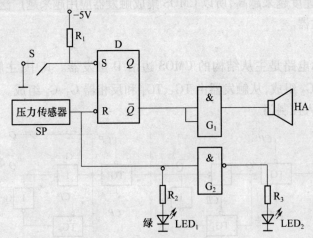

图 4-16　压力报警电路

这个电路如果采用其他传感器，还可对其他参数如温度、噪声、有害气体等进行监控和报警。

2. 抢答器电路

图 4-17 所示为 4 个人在知识竞赛中使用的抢答器电路。该电路用一片 CT4175 四 D 触发器加上与非门组成。该电路采用 CT4175 四 D 触发器，可以减少片间连线，达到简化电路的目的。

集成 D 触发器产品 CT4175(74LS175),成为四 D 触发器,在它的每一芯片内包含四个 D 触发器,其管脚排列如图 4－18 所示,功能见表 4－4,CT4175 的特点是四个 D 触发器共有一个清除(清 0)端(管脚 1,$\overline{CR}$)和时钟脉冲输入端(管脚 9,CP)。

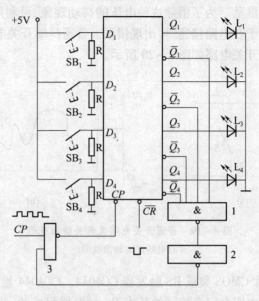

图 4－17　四人抢答器原理电路

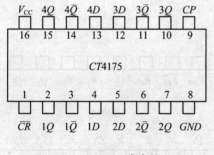

图 4－18　CT4175 管脚排列图

表 4－4　CT4175 功能表

输入			输出	
清除$\overline{CR}$	CP	D	Q^{N+1}	$\overline{Q}^{N+1}$
0	×①	×	0	1
1	↑	0	1	0
1	↑	1	0	1
1	×	×	Q^n	R^n

① 输入信号"无所谓",可为 1,可为 0"↑"表示上升沿触发方式

开始工作后,首先在清零端加入清零负脉冲,使四个触发器均为零状态:$Q_1 = Q_2 = Q_3 = Q_4 = 0$,发光二极管 $L_1 \sim L_2$ 均不亮。同时$\overline{Q}_1 = \overline{Q}_2 = \overline{Q}_3 = \overline{Q}_4 = 1$,使与非门 2 输出为 1,时钟脉冲可以通过与非门 3 加入到 4 个触发器的 CP 端。当参赛者都没有按下常开(动合)按钮时,四个触发器的 D 端都通过一个阻值很小的电阻 R 接地,使端 D 是低电平。所以触发器都保持低电平不变,$L_1 \sim L_4$ 不亮。

当某一参赛者抢先按下 $SB_1 \sim SB_4$ 中任一按钮时,对应触发器的 D 端为高电平,并在时钟脉冲的作用下该触发器被 1,相应的发光二极管点亮,表明该参赛者率先得到了抢答权。同时该触发器的$\overline{Q}$端为 0,与非门 2 输出是 0,与非门 3 被封锁,时钟脉冲不能进入触发器。此后,即使其他按钮再按下,对应触发器也将保持零状态不变,表明这些参赛者失去了抢答权。

67

3. 开关抖动电路

在数字电路中,当使用机械开关或按钮接通电路时,都存在着接触抖动,抖动的时间虽然很短,但在电路中相当于短时间内连续产生多个脉冲信号,这个脉冲信号会造成电路出现误动作,产生逻辑混乱。为了消除这种电压的抖动现象,可利用 RS 触发器来构成无抖动开关,使电路不至于在电路接通时,出现错误。普通抖动开关电路及开关输出波形如图 4-19 所示,消抖支开关电路如图 4-20 所示。

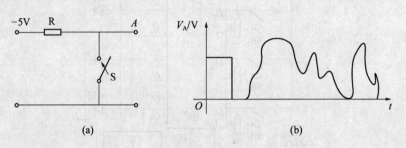

图 4-19 普通开关电路及开关输出波形

(a)电路;(b)输出波形。

该电路采用了一片 CMOS 集成 RS 触发器 CC4044。CC4044 集成触发器,其管脚排列如图 4-21 所示,它是由四个完全相同的基本 RS 触发器组成的,共有 16 个管脚,各管脚的功能如下。

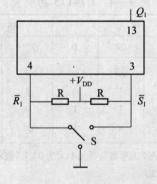

图 4-20 消抖动开关电路

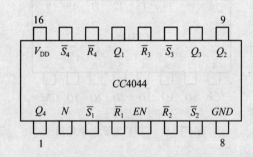

图 4-21 CC4044 管脚排列图

(1) $\overline{R_1} \sim \overline{R_4}$:对应着 4 个 RS 触发器的置 0 端。

(2) $\overline{S_1} \sim \overline{S_4}$:对应着 4 个 RS 触发器的置 1 端。

(3) EN:输入控制端,又称使能端。

N:空脚。

V_{DD}:电源端。

GND:接地端。

$Q_1 \sim Q_4$:触发器的输出端。

表 4-5 给出了 CC4044 集成触发器的功能关系。

表 4 - 5　CC4044 功能表

控 制	输 入		输 出
EN	$\overline{R}$	$\overline{S}$	Q^{n+1}
0	×	×	高阻
1	0	0	不允许
1	0	1	0
1	1	0	1
1	1	1	保持

　　由表 4 - 5 中可知,EN 使能端完成对输入信号的控制。当 $EN = 0$ 时,输入端失去作用,输出呈现高阻状态;当 $EN = 1$ 时,电路的输出按输入的关系进行翻转。

　　在图 4 - 20 中,电源 V_{DD} 跨接在基本 RS 触发器的两个输入端 $\overline{R_1}$、$\overline{S_1}$ 上,且在两输入端上并接一开关 S,Q_1 为电源的输出端。欲使 Q_1 端输出为 1(接通电路电源),把开关 S 打在 $\overline{S_1}$ 端,开关电路输入关系是 $\overline{R_1} = 1$,$\overline{S_1} = 0$,此时开关 S 即使产生抖动,使得开关触点脱离 $\overline{S_1}$,基本触发器在这种情况下的两个输入端 $\overline{R_1}$ 和 $\overline{S_1}$ 都为 1,输出端 Q_1 高电平 1 保持不变,从而消除了电路接通时开关出现抖动而引起电路产生误动作。

本 章 小 结

　　触发器是时序逻辑电路的基本单元,它具有两个稳定状态,即 0 态和 1 态。在一定条件下,可保持在一个状态下不变,只有在一定的外界触发信号作用下,触发器状态发生翻转,因此触发器具有记忆和存储信息的功能。

　　触发器按逻辑功能的不同,可分为 RS 触发器、JK 触发器、D 触发器、T 触发器等类型,其中 JK 触发器通用性强,应用最广泛。

　　触发器按结构形式不同,可分为基本型、主从型、边沿触发器等,同一逻辑功能的触发器可以用不同的电路结构形式来实现。反之,同一电路的结构形式也可以构成不同的功能触发器。

　　本章最后通过简单的应用举例来加深对所学触发器功能的了解。

思考与练习题

　　4 - 1　画出图 4 - 22(a)所示的基本 RS 触发器输出端 Q、$\overline{Q}$ 的电压波形图,输入端波形如图 4 - 22(b)所示。

　　4 - 2　可控 RS 触发器如图 4 - 23(a)所示:

　　(1)与基本 RS 触发器比较有何特点?

　　(2)对应图(b)所示 CP、R、S 的波形,画出输出端 Q 的波形。

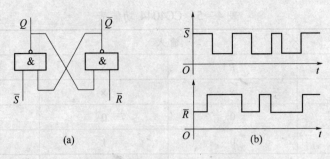

图 4 - 22　题 4 - 1 图

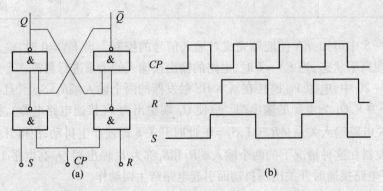

图 4 - 23　题 4 - 2 图

4 - 3　若主从结构 RS 触发器的 CP、S、R、$\overline{R}_D$ 各输入端的电压波形如图 4 - 24 所示，$\overline{S}_D = 1$，试画出 Q 和 $\overline{Q}_1$ 端对应的电压波形。

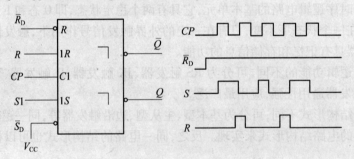

图 4 - 24　题 4 - 3 图

4 - 4　试写出电路次态 Q^{n+1} 逻辑表达式。

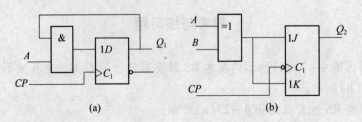

图 4 - 25　题 4 - 4 图

4－5 两只 D 触发器连接如图 4－26 所示,画出输入 5 个 CP 脉冲时 Q_1 和 Q_2 的波形,设 Q_1 和 Q_2 的初态为 0。

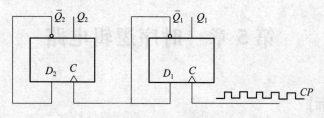

图 4－26　题 4－5 图

4－6 JK 触发器连接如图 4－27(a)所示,其输入波形如图 4－27(b)所示,画出输出端 Q 的波形,设其初态为 0。

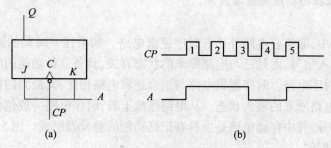

图 4－27　题 4－6 图

4－7 试画出图 4－28 所示电路的输出端 Q 的波形,设初态为"0"。

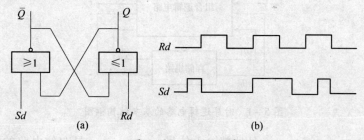

图 4－28　题 4－7 图

4－8 写出图 4－29 所示电路的特性表。

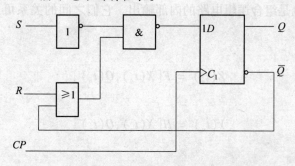

图 4－29　题 4－8 图

第 5 章　时序逻辑电路

1. 了解时序逻辑电路的基本概念与分类。
2. 掌握同步时序逻辑电路的分析方法。
3. 掌握寄存器的功能原理及应用。
4. 掌握计数器的功能原理及应用。

在数字电路中,除组合电路外还有时序逻辑电路。如果任一时刻的输出信号不仅取决于该时刻的输入信号,而且还与电路原来的状态有关,具备这种功能的电路被称为时序逻辑电路,简称时序电路。时序逻辑电路与组合逻辑电路相比,其最大的特点在于具有记忆功能,能保存电路原来的输入状态。从电路组成上看,时序电路一般包含组合逻辑电路和存储电路两部分,其中存储电路是由具有记忆功能的触发器组成。图 5 - 1 为时序逻辑电路的基本结构框图。

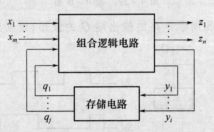

图 5 - 1　时序逻辑电路的基本结构框图

在图 5 - 1 中,$x_1,x_2,\cdots,x_m$ 是外部输入信号;$q_1,q_2,\cdots,q_j$ 是存储电路的输出信号,同时也是组合逻辑电路的内部输入信号;$z_1,z_2,\cdots,z_n$ 是外部输出信号;$y_1,y_2,\cdots,y_i$ 是存储电路的激励信号,也是组合逻辑电路的内部输出。它们之间的关系可以用下列 3 个相量方程来表示:

输出方程为

$$Z(t_n) = F[X(t_n),Q(t_n)] \qquad (5-1)$$

驱动方程为

$$Y(t_n) = H[X(t_n),Q(t_n)] \qquad (5-2)$$

状态方程为

$$Q(t_{n+1}) = G[Y(t_n),Q(t_n)] \qquad (5-3)$$

上述表达式中,t_n、t_{n+1} 表示两个相邻的时间,电路在 t_n 时刻的状态称为现态,在 t_{n+1} 时刻的状态称为次态。

72

根据时序电路中时钟信号的连接方式,可将时序电路分为同步时序电路和异步时序电路两大类。在同步时序电路中,存储电路里所有触发器的时钟端与同一个时钟脉冲源相连,在同一个时钟脉冲作用下,所有触发器的状态同时发生变化。因此,时钟脉冲对存储电路的更新起着同步作用,故称这种时序电路为同步时序电路。异步时序电路没有统一的时钟脉冲,有的触发器的时钟输入与时钟脉冲相接,而有些触发器的时钟输入不与时钟脉冲相连,后者触发器的状态变化则不与时钟脉冲源同步。

5.1 同步时序逻辑电路的分析方法

时序电路的分析就是按照一定的方法,求出给定时序电路的逻辑关系,并对它的逻辑功能进行描述。由于同步时序电路中所有触发器都是在同一个时钟信号作用下工作,因此同步时序电路的分析要比异步时序电路的分析简单。本节将讨论同步时序逻辑电路的分析方法,并通过分析实例,加深对分析方法及同步时序电路的理解。

5.1.1 同步时序逻辑电路分析步骤

同步时序电路的分析,就是对给定的同步时序电路通过一定的方法,求出它的状态表、状态图或时序图,并以此确定其逻辑功能及工作特点。一般说来有以下几个步骤:

(1)列写驱动方程和输出方程式。根据给定的逻辑图写出电路的输出方程与各触发器的驱动方程。输出方程是指时序电路的组合逻辑输出的逻辑函数表达式,驱动方程就是各触发器输入信号的逻辑函数表达式。

(2)求状态方程。将上一步求得的驱动方程代入各触发器的特性方程,即可得出电路的状态方程。

(3)列状态表并计算。状态表又称为状态转换表,其形式与真值表相似。首先画出一个空的状态表的表格,在表格的左侧按照二进制的递增顺序把输入信号与电路各触发器现态所有可能的取值组合全部列出,然后将所有数据逐一代入状态方程与输出方程,计算出时序电路的次态与组合逻辑输出的值,并将之按顺序列于状态表的右侧,将状态表完成。这个过程同时也完成了逻辑函数表达式与状态表的转换。

(4)根据状态转换表画出状态图。状态图又称为状态转换图,是时序电路所特有的逻辑表示方式。它以图形的形式表示时序电路的状态变化,将电路的所有状态列于图上,以圆圈将时序电路的每一个可能的状态圈起来,按照前面计算出来的状态表,用带箭头的转移连线将所有状态连接起来。注意,每一条转移连线对应状态表的一行,箭头所指状态为状态表右边所列的电路次态,箭尾所连状态为状态表左侧所列电路现态。如有输入、输出条件,应同时列于转移连线旁,注意在斜线上方列出输入信号取值,斜线下方列出输出信号值。所有状态连接完成后,应对状态图稍加整理,以使图形看起来整洁美观。

(5)根据状态转换图画时序图。有时为了更好地描述电路的工作过程,常给出时序图。时序图又称为波形图,它是以信号波形变化的形式来表示输入/输出信号之间的关系。时序电路的波形图可以反映出电路的输出状态与时钟脉冲、输入信号之间的时序关系,故又称为时序图。画时序图时应该注意各触发器的触发边沿是上升沿还是下降沿,注意时间上的先后关系不能搞错。

（6）逻辑功能说明。通过对所得到的状态表、状态图及时序图进行分析,判断电路的逻辑功能与工作特点,并做出简要的文字说明。

以上步骤只是同步时序电路的一个通用分析步骤,对于不同的时序电路与要求,读者可以根据具体要求与自身的熟悉程度决定取舍。

5.1.2　同步时序电路分析举例

下面通过两个具体的实例说明同步时序电路的分析方法。

例 5 – 1　已知同步时序电路的逻辑图如图 5 – 2 所示,试分析电路的逻缉功能。

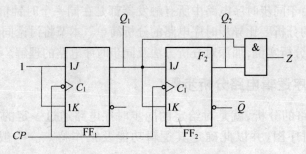

图 5 – 2　例 5 – 1 的逻辑图

解:

1）列写触发器的驱动方程和电路的输出方程

触发器的驱动方程为

$$J_1 = K_1 = 1$$

$$J_2 = K_2 = Q_1$$

电路的输出方程为

$$Z = Q_2^n Q_1^n$$

2）求触发器的状态方程

JK 触发器的特征方程为

$$Q^{n+1} = J \overline{Q^n} + \overline{K} Q^n$$

将各触发器的驱动方程代入特征方程,得到状态方程,即

$$Q_1^{n+1} = J_1 \overline{Q_1^n} + \overline{K_1} Q_1^n = \overline{Q_1^n}$$

$$Q_2^{n+1} = J_2 \overline{Q_2^n} + \overline{K_2} Q_2^n = Q_1 \overline{Q_2^n} + \overline{Q_1} Q_2^n$$

3）列出电路的状态转换表

状态转换表的具体求法是:首先将触发器现态 $Q_2^n Q_1^n$ 的所有取值组合列入表内,再将所有数据代入状态方程,求出触发器的次态 $Q_2^{n+1} Q_1^{n+1}$;代入输出方程,求时序电路的输出 Z,填入表内。所得表 5 – 1 为状态转换表。

74

表 5-1　例 5-1 的状态转换表

现 态		次 态		输 出
Q_2^n	Q_1^n	Q_2^{n+1}	Q_1^{n+1}	Z
0	0	0	1	0
0	1	1	0	0
1	0	1	1	0
1	1	0	0	1

4）画状态转换图

电路中有两个触发器,顺序为 Q_2Q_1,共有四种状态,将这四个状态用四个圆圈表示,并在圈中标上状态。

带箭头的连线表示状态之间的转换,箭头尾部是初态,箭头指向次态,在连线旁标输入信号及输出,通常将输入信号取值写在斜线左侧,输出值写在斜线右侧。图 5-2 电路只有输出,则记为/Z。例如,若现态 00,输出 $Z=0$,时钟脉冲作用后,现态为 01,用从 00 状态出发、指向 01 状态的带箭头连线表示,并在连线旁边标/0。用同样的方法,可画出该电路的状态转换图,如图 5-3 所示。

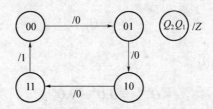

图 5-3　例 5-1 的状态转换图

5）画时序图

设该电路的初始状态 Q_2Q_1 为 00,在时钟脉冲下降沿的作用下,画出电路的波形图。

首先画时钟信号,然后利用状态表或状态图,画出时序电路的状态 Q_2、Q_1 波形图,再画输出波形。触发器状态变化的顺序是 00→01→10→11→00,画出状态变化的波形。再根据触发器状态序列,做出输出波形图,如图 5-4 所示。

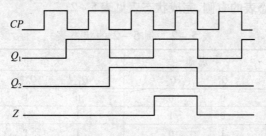

图 5-4　例 5-1 的时序图

6）逻辑功能分析

通过状态转换图的分析,可以清楚地看出,每经过 4 个时钟脉冲的作用,Q_2Q_1 的状态从 00 到 11 顺序递增,电路的状态循环一次,同时在输出端产生 1 信号输出。因此,图 5-2

75

所示电路是一个模 4 计数器,时钟脉冲 CP 为计数脉冲输入,输出端 Z 是进位输出。也可将该计数器称为 2 位二进制计数器。

例 5-2 试分析图 5-5 所示电路的逻辑功能。

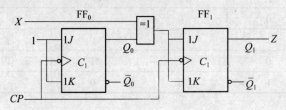

图 5-5 例 5-2 的逻辑电路

解:

1）列写驱动方程和输出方程式

驱动方程为

$$\begin{cases} J_0 = K_0 = 1 \\ J_1 = K_1 = X \oplus Q_0^n \end{cases}$$

输出方程为

$$Z = Q_1^n$$

2）求状态方程

JK 触发器的特性方程为

$$Q^{n+1} = J\,\overline{Q^n} + \overline{K}Q^n$$

将驱动方程代入 JK 触发器的特性方程,求出电路的状态方程:

$$Q_0^{n+1} = J_0\,\overline{Q_0^n} + \overline{K}_0 Q_0^n = \overline{Q_0^n}$$

$$Q_1^{n+1} = J_1\,\overline{Q_1^n} + \overline{K}_1 Q_1^n = X \oplus Q_0^n \oplus Q_1^n$$

3）列状态表

在表格的左侧按照二进制的递增顺序列出 X、Q_0^n 和 Q_1^n 的所有可能的取值组合,然后将所有数据逐一代入状态方程与输出方程,计算出时序电路的次态与组合逻辑输出的值,并将之按顺序列于状态表的右侧,完成状态表见表 5-2。

表 5-2 例 5-2 的状态表

输入	现态		次态		输出
X	Q_1^n	Q_0^n	Q_1^{n+1}	Q_0^{n+1}	Z
0	0	0	0	1	0
0	0	1	1	0	0
0	1	0	1	1	1
0	1	1	0	0	1
1	0	0	1	1	0
1	0	1	0	0	0
1	1	0	0	1	1
1	1	1	1	0	1

4）画状态图

按表 5 - 2 所列的状态变化,可以画出本题的状态图,如图 5 - 6 所示。图中每一条带箭头的转移连线对应着状态表中的一行,代表一次状态变化,连线的尾部所连为此次状态转换的现态,箭头所指代表次态。连线旁的数字表示转换时的输入与输出信号。本题既有输入也有输出,故记为 X/Z。

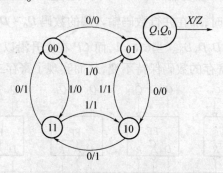

图 5 - 6 例 5 - 2 的状态图

5）画时序图

根据表 5 - 2 所列的状态变化,可以画出本题的时序图,如图 5 - 7 所示。

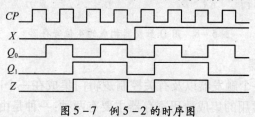

图 5 - 7 例 5 - 2 的时序图

6）逻辑功能说明

该电路是一个 2 位二进制可逆计数器,当 $X = 0$ 时递增计数,当 $X = 1$ 时递减计数,Z 作为进位或借位输出。

5.2 寄存器

在数字系统中,常常需要将一些数码存放起来,以便随时调用,这种存放数码的逻辑部件称为寄存器。寄存器必须具有记忆单元——触发器,因为触发器具有 0 和 1 两个稳定状态,所以一个触发器只能存放 1 位二进制数码,存放 N 位数码就应具备 N 个触发器。

一般寄存器都是在时钟脉冲的作用下把数据存放或送出触发器的,故寄存器还必须具有起控制作用的电路,以保证信号的接收和清除。

寄存器按所具备的功能不同可分为两大类:数码寄存器和移位寄存器。

5.2.1 数码寄存器

数码寄存器只具有存取数码和清除原有数码的功能。采用具有置 1、置 0 功能的基本 RS 触发器、同步 RS 触发器、主从型或边沿型的触发器都可以组成寄存器。

1. 工作原理

图 5-8 是一个由 4 个 D 触发器构成的 4 位数码寄存器,在 CP 上升沿的作用下,将 4 位数码寄存到 4 个触发器中。图中 $D_0 \sim D_3$ 是并行数码输入端,$\overline{CR}$ 是清零端,CP 是时钟脉冲端,$Q_0 \sim Q_3$ 是并行数码输出端。

由图可知,当 $\overline{CR}=0$ 时,触发器 $FF_0 \sim FF_3$ 同时被置 0。寄存器工作时,为高电平 1。当 $\overline{CR}=1$,CP 上升沿到来时,加在并行数码输入端的数码 $D_0 \sim D_3$ 被并行置入到 4 个触发器中,这时 $Q_3 Q_2 Q_1 Q_0 = D_3 D_2 D_1 D_0$。当 $\overline{CR}=1$,而 CP 在上升沿以外时间时,$FF_0 \sim FF_3$ 的状态保持不变,即寄存器中寄存的数码保持不变,从而实现了寄存二值代码的功能。

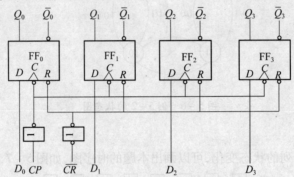

图 5-8　用 D 触发器构成的 4 位寄存器

2. 集成数码寄存器

将构成寄存器的各个触发器以及有关控制逻辑门集成在一个芯片上,就可以得到集成数码寄存器。目前常用的集成数码寄存器主要有两种:一种是由多个边沿 D 触发器构成的触发器型寄存器,如 74171(4D)、74174(6D)、74175(4D)、74273(8D)等型号;另一种是由多个带使能端的 D 锁存器(电位控制型 D 触发器)构成的锁存器型寄存器,如 74363(8D)、74373(8D)、74375(4D)等型号。图 5-9 为 74175(4D)的逻辑功能示意图,图 5-10 为 74373(8D)的逻辑功能示意图。

锁存器型寄存器与触发器型寄存器的区别是:锁存器型寄存器的时钟脉冲触发方式为电平触发,此时,时钟脉冲信号又称为使能信号,分高电平有效和低电平有效两种。当使能信号有效时,由锁存器组成的寄存器,其输出跟随输入数码的变化而变化(相当于输入直接接到输出端);当使能信号结束时,输出保持使能信号跳变时的状态不变,因此这一类寄存器有时也称为"透明"寄存器。

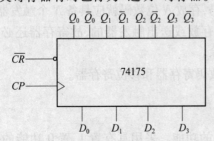

图 5-9　74175(4D)的逻辑功能示意图

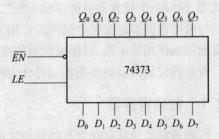

图 5-10　74373(8D)的逻辑功能示意图

5.2.2 移位寄存器

移位寄存器除具有存储数码的功能外,还具有使存储的数码移位的功能。移位功能是指寄存器中所存的数据,可以在移位脉冲作用下逐次左移或右移。根据数码在寄存器中移动情况的不同,可把移位寄存器分为单向移位寄存器和双向移位寄存器。

根据存取数码的方式不同分为并行和串行两种。并行是指在一个时钟脉冲的控制下,各位数码同时存入寄存器中或从寄存器中取出,称为并行输入或并行输出。并行方式存取速度快,但需要的数据线多。串行是指在一个时钟脉冲的控制下,只移入(存入)或移出(取出)一位数码,N 位数码必须用 N 个时钟脉冲才能全部移入、N 个时钟脉冲才能全部移出,称为串行输入或串行输出。因此,移位寄存器不但可以用来寄存代码,还可以用来实现数据的串行/并行转换、数值的运算以及数据处理等。

1. 单向移位寄存器

图 5 - 11 所示是用 D 触发器组成的 4 位单向移位寄存器。第一个触发器 FF$_0$ 的输入端接收输入信号,其余的每个触发器的输入端均与前边一个触发器的 Q 端相连。所有触发器的复位端 R 并联在一起作为清零端 $\overline{CR}$,当 $\overline{CR} = 0$ 时,各触发器均清零。时钟脉冲输入端并联在一起作为移位脉冲输入端 CP,所以它是同步时序电路。

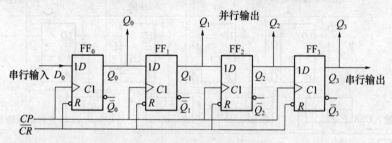

图 5 - 11 4 位右移单向移位寄存器

因为从 CP 上升沿到达开始到输出端新状态的建立需要经过一段传输延迟时间,所以当 CP 的上升沿同时作用于所有的触发器时,它们输入端(D 端)的状态还没有改变。于是 FF$_1$ 按 Q_0 原来的状态翻转,FF$_2$ 按 Q_1 原来的状态翻转,FF$_3$ 按 Q_2 原来的状态翻转。同时,加到寄存器输入端 D_0 的代码存入 FF$_0$。总的效果相当于移位寄存器中原有的代码依次右移了 1 位。

假设输入的数码为 1011,在移位脉冲的作用下,寄存器中数码移动的时序图如图 5 - 12 所示。可以看到,当经过 4 个 CP 脉冲后,1011 这 4 位数码就全部移入寄存器中,$Q_3Q_2Q_1Q_0 = 1011$,这时,可以从 4 个触发器的 Q 端同时输出数码 1011,这种输出方式称为并行输出。因此,利用移位寄存器可以实现代码的串行/并行转换。

如果先将 4 位数据并行地置入移位寄存器的 4 个触发器中,然后连续加入 4 个移位脉冲,则移位寄存器中的 4 位代码将从 Q_3 端依次送出,即为串行输出,从而实现了数据的并行/串行转换。

2. 双向移位寄存器

上述的单向移位寄存器中数据自左向右移动所以又称右移位寄存器,若将各触发器

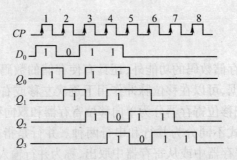

图 5-12 单向移位寄存器数码移动过程时序图

的顺序调换一下,让右边触发器的输出作为左邻触发器的数据输入,也可构成左移寄存器。再添加一些控制门,可以构成在控制信号作用下既能左移又能右移的双向移位寄存器。也可以通过数据选择器,来选择各触发器的输入信号是来自左边触发器的输出还是来自右边的触发器。当各触发器的输入信号来自左边的输出时,寄存器右移;当各触发器的输入信号来自右边的输出时,寄存器左移。从而使移位寄存器的数据移动方向由单向变成了双向,此时的数据选择控制信号就成了寄存器的左移、右移控制信号。图 5-13 所示为 4 位双向移位寄存器的逻辑电路图。

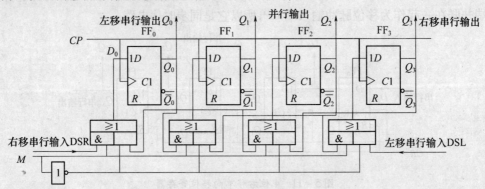

图 5-13　4 位双向移位寄存器逻辑电路图

图中 M 是移位控制信号,控制数据的移动方向。当 $M=1$ 时,数据右移;当 $M=0$ 时,数据左移。

3. 集成移位寄存器

集成移位寄存器可以根据需要集成单、双向移位,串行输入/输出,并行输入/输出等功能。集成移位寄存器的种类较多,应用很广泛,下面介绍 74HC164 的功能和应用。

74HC164 为串行输入/并行输出 8 位移位寄存器。它有两个可控串行数据输入端 A 和 B,串行输入的数据等于两者的与逻辑,当 A 或 B 任意一个为低电平时,相当于输入的数据为 0,在时钟端 CP 脉冲上升沿作用下 Q_0^{n+1} 为低电平;当 A 或 B 中有一个为高电平时,就相当于从另一个串行数据输入端输入数据,并在 CP 脉冲上升沿作用下决定 Q_0^{n+1} 的状态。

图 5-14 所示是利用 74HC164 构成的发光二极管循环点亮/熄灭控制电路。电路中,Q_7 经反向器与串行输入端 A 相连,B 接高电平,R、C 构成上电复位电路,当电路的直

80

流电源才接通时,电容 C 两端的电压为零,直接清零端$\overline{R}$为低电平,使 74HC164 的输出全部清零,随后,电容 C 被充电到高电平,清零端$\overline{R}$就不起作用了。

电路接通电源后,$Q_0 \sim Q_7$ 均为低电平,发光二极管 LED$_1$ ~ LED$_8$ 不亮,这时 A 为高电平。当第一个秒脉冲 CP 的上升沿到来后,Q_0 变为高电平,LED$_1$ 被点亮,第二秒脉冲 CP 上升沿到来后,Q_1 也变成高电平,LED$_2$ 被点亮,这样依次进行下去,经过 8 个 CP 上升沿后,$Q_0 \sim Q_7$ 均变为高电平,LED$_1$ ~ LED$_8$ 均被点亮,这时 A 为低电平。同理,再来 8 个 CP 后,$Q_0 \sim Q_7$ 又依次变为低电平,LED$_1$ ~ LED$_8$ 又依次熄灭。

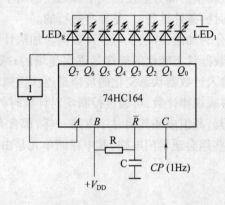

图 5 - 14 发光二极管循环点亮/熄灭控制电路

当需要位数更多的移位寄存器时,可利用多片 74HC164 进行级联。图 5 - 15 是利用两片 74HC164 级联组成的 16 位移位寄存器。电路中各级采用公用的时钟脉冲和清零脉冲,低位的 A、B 并联在一起作为串行数据输入端,Q_7 与高位的 A、B 端相连。在移位脉冲的作用下,从串行数据输入端向 IC$_1$ 输入数据,同时 IC$_1$ 的 Q_7 状态又送入 IC$_2$。

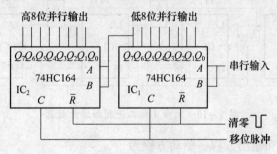

图 5 - 15 74HC164 的级联

5.3 计 数 器

计数器是用来计算输入脉冲数目的时序逻辑电路。它不仅可用来对脉冲计数,而且还常用于数字系统的定时、延时、分频数字测量及构成节拍脉冲发生器等,是数字系统中用途最广泛的基本电路之一。

计数器的种类繁多,根据不同的分类方法可将计数器分成以下不同的类型。

按计数长度可分为二进制、十进制及 N 进制计数器。计数长度是指计数器有效循环中的有效状态数,也称为计数容量或模(记作 M)。如 $M = 10$ 的计数器称为十进制计数器;如果计数器的位数是 n,计数长度 $M = 2^n$,记数时状态按二进制数的规律变化,就称为二进制计数器;如果计数器的计数长度是除了 2^n 与 10 之外的其他数制,则统称为 N 进制计数器,如七进制、十二进制和六十进制。

按计数脉冲的控制方式不同可分为同步计数器和异步计数器两类。同步计数器中所有的触发器使用同一个时钟脉冲,当计数脉冲到来时,所有的触发器均按输入条件与现态的组合刷新状态;异步计数器中的部分触发器或全部触发器均不使用同一时钟脉冲,状态的更新只在各个触发器的时钟条件具备时,是异步进行的。

按计数的增减趋势可分为加法、减法及可逆计数器。加法计数器有称为递增计数器,计数时随着时钟的输入计数器状态变化的规律是逐次递增的;减法计数器又称为递减计数器,计数时随着时钟的输入计数器状态变化的规律是逐次递减的;可逆计数器既可以按递增规律计数,也可以按递减规律计数,可通过控制端对计数时的状态规律进行控制。

无论哪种类型的计数器,其组成和其他时序电路一样,都含有存储单元(这里通称为计数单元),有时还增加一些组合逻辑门电路,其中存储单元是由触发器构成的。

5.3.1 二进制计数器

1. 同步二进制计数器

1)同步二进制加法计数器

图 5 – 16 为 4 位同步二进制加法计数器,由图可以看出该电路是用 4 个 JK 触发器和 3 个与门构成,所有触发器都用同一个计数脉冲 CP 的下降沿触发,C 是向高位的进位输出。下面分析该电路的工作原理。

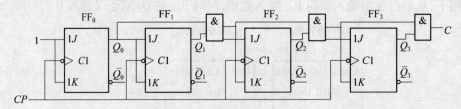

图 5 – 16　同步 4 位二进制加法计数器

(1)写驱动方程和输出方程。驱动方程为

$$\begin{cases} J_0 = K_0 = 1 \\ J_1 = K_1 = Q_0^n \\ J_2 = K_2 = Q_1^n Q_0^n \\ J_3 = K_3 = Q_2^n Q_1^n Q_0^n \end{cases}$$

输出方程为

$$C = Q_3^n Q_2^n Q_1^n Q_0^n$$

将驱动方程代入 JK 触发器的特性方程 $Q^{n+1} = J\overline{Q^n} + \overline{K}Q^n$,便得到计数器的状态方程为

82

$$Q_0^{n+1} = \overline{Q_0^n}$$
$$Q_1^{n+1} = \overline{Q_1^n}Q_0^n + Q_1^n\overline{Q_0^n}$$
$$Q_2^{n+1} = \overline{Q_2^n}Q_1^nQ_0^n + Q_2^n\overline{Q_1^n} + Q_2^n\overline{Q_0^n}$$
$$Q_3^{n+1} = \overline{Q_3^n}Q_2^nQ_1^nQ_0^n + Q_3^n\overline{Q_2^n} + Q_3^n\overline{Q_1^n} + Q_3^n\overline{Q_0^n}$$

（2）根据驱动方程和状态方程可以计算出 4 位二进制计数器的状态转换表,见表 5-3。

表 5-3 4 位二进制加法计数器的状态转换表

计数顺序	Q_3^n	Q_2^n	Q_1^n	Q_0^n	Q_3^{n+1}	Q_2^{n+1}	Q_1^{n+1}	Q_0^{n+1}	进位输出 C
0	0	0	0	0	0	0	0	1	0
1	0	0	0	1	0	0	1	0	0
2	0	0	1	0	0	0	1	1	0
3	0	0	1	1	0	1	0	0	0
4	0	1	0	0	0	1	0	1	0
5	0	1	0	1	0	1	1	0	0
6	0	1	1	0	0	1	1	1	0
7	0	1	1	1	1	0	0	0	0
8	1	0	0	0	1	0	0	1	0
9	1	0	0	1	1	0	1	0	0
10	1	0	1	0	1	0	1	1	0
11	1	0	1	1	1	1	0	0	0
12	1	1	0	0	1	1	0	1	0
13	1	1	0	1	1	1	1	0	0
14	1	1	1	0	1	1	1	1	0
15	1	1	1	1	0	0	0	0	1
16	0	0	0	0	0	0	0	1	0

（3）画状态转换图和时序图。根据状态表所列的状态变化可得状态图和时序图,如图 5-17、图 5-18 所示。从状态表和状态图可以看出,此电路的计数长度为 $2^4 = 16$,每

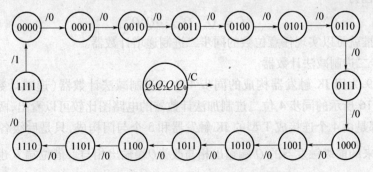

图 5-17 图 5-16 电路的状态转换图

83

一次状态的更新都是按照二进制的规律逐次递增,每输入 16 个计数脉冲,计数器工作一个循环,并在输出端 C 产生一个进位输出信号。

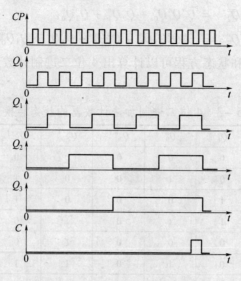

图 5 - 18　图 5 - 16 电路的时序图

由时序图可以看出,若计数脉冲的频率为 f_0,则 Q_0、Q_1、Q_2、Q_3 端输出脉冲的频率将依次为 $f_0/2$、$f_0/4$、$f_0/8$、$f_0/16$。可见,计数器除了具有计数的功能外还具有分频的功能。计数器具有的这种分频功能称为分频。

由 4 位同步二进制加法记数器可以推广到同步 n 位二进制递增计数器,当选用 JK 触发器实现时,其驱动方程为

$$\begin{cases} J_0 = K_0 = 1 \\ J_1 = K_1 = Q_0^n \\ J_2 = K_2 = Q_1^n Q_0^n \\ \cdots \\ J_{n-1} = K_{n-1} = Q_{n-2}^n Q_{n-3}^n \cdots Q_1^n Q_0^n \end{cases}$$

输出方程为

$$C = Q_{n-1}^n Q_{n-2}^n \cdots Q_1^n Q_0^n$$

依此类推就可以实现任意位数的同步二进制递增计数器。

2）同步二进制减法计数器

图 5 - 19 为用 JK 触发器构成的同步 4 位二进制减法计数器（递减计数器）的电路图,与图 5 - 16 所示的同步 4 位二进制加法计数器的电路图比较可以看出,两者的电路结构很相似,都是由 4 个连接成 T 型的 JK 触发器和 3 个与门构成,只是后级各触发器的输入信号由原来的前级触发器的 Q 端输出相与改为 $\overline{Q}$ 端输出相与。借位端 B 也由进位端 C 的所有 Q 端相与改为所有的 $\overline{Q}$ 端相与。当时钟脉冲连续输入时,其输出状态是按照二进制的递减顺序变化的,其转态转换表见表 5 - 4。具体工作原理不再赘述。

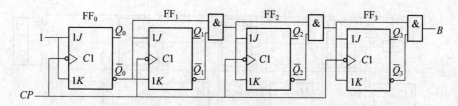

图 5-19　同步 4 位二进制减法计数器

表 5-4　同步 4 位二进制减法计数器状态转换表

计数顺序	Q_3^n	Q_2^n	Q_1^n	Q_0^n	Q_3^{n+1}	Q_2^{n+1}	Q_1^{n+1}	Q_0^{n+1}	借位输出 B
0	0	0	0	0	1	1	1	1	0
1	1	1	1	1	1	1	1	0	1
2	1	1	1	0	1	1	0	1	0
3	1	1	0	1	1	1	0	0	0
4	1	1	0	0	1	0	1	1	0
5	1	0	1	1	1	0	1	0	0
6	1	0	1	0	1	0	0	1	0
7	1	0	0	1	1	0	0	0	0
8	1	0	0	0	0	1	1	1	0
9	0	1	1	1	0	1	1	0	0
10	0	1	1	0	0	1	0	1	0
11	0	1	0	1	0	1	0	0	0
12	0	1	0	0	0	0	1	1	0
13	0	0	1	1	0	0	1	0	0
14	0	0	1	0	0	0	0	1	0
15	0	0	0	1	0	0	0	0	0
16	0	0	0	0	1	1	1	1	0

3）同步二进制可逆计数器

可逆计数器是既可以按递增规律计数也可以按递减规律计数的计数器。通过对同步二进制递增计数器与递减计数器的分析,发现无论是递增计数还是递减计数时,每一个触发器的 JK 端均是并联成 T 触发器的形式,只是各个触发器的输入 T 在递增计数与递减计数时不同而已。可以将同步二进制递增计数器与递减计数器组合起来,通过数据选择器给各触发器的输入选择不同的输入信号。以加减控制信号控制数据选择,从而在一个电路中实现递增计数和递减计数两种功能,就构成了同步二进制可逆计数器。图 5-20 所示为同步 4 位二进制可逆计数器。

图中,$D/\overline{U}$ 是加减控制信号。$D/\overline{U}=0$ 时,所有与或门的上部与门全部打开,下部与门全部封锁,计数器按递增方式计数;当 $D/\overline{U}=1$ 时,所有与或门的下部与门全部打开,上部与门全部封锁,计数器按递减方式计数。

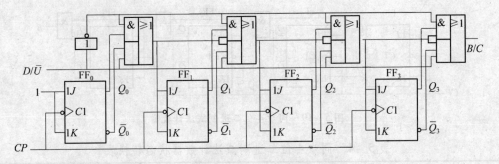

图 5-20 同步 4 位二进制可逆计数器

2. 异步二进制计数器

构成异步二进制计数器的方法十分简单：将计数器接成 T′ 触发器，计数脉冲由第一级触发器的 CP 时钟端加入，然后将前级触发器的输出 Q（或 $\bar{Q}$）接后级触发器的 CP 时钟端，即可构成异步二进制加法（或减法）计数器。

图 5-21(a) 所示为由 JK 触发器构成的 3 位异步二进制加法计数器的逻辑图。图中 JK 触发器都接成 T′ 触发器，用计数脉冲的下降沿触发。其工作原理如下：

设各触发器的初始状态均为 0，即 $Q_2 Q_1 Q_0 = 000$。

当第 1 个计数脉冲 CP 到来时，第 1 位触发器 FF$_0$ 由 0 状态翻到 1 状态，Q 端输出正跃变，FF$_1$ 不翻转，保持 0 状态不变。这时，计数器的状态为 $Q_2 Q_1 Q_0 = 001$。

当第 2 个计数脉冲 CP 到来时，FF$_0$ 由 1 状态翻到 0 状态，Q_0 端输出负跃变，FF$_1$ 则由 0 状态翻到 1 状态，Q_1 输出正跃变，FF$_2$ 保持 0 状态不变。这时，计数器的状态为 $Q_2 Q_1 Q_0 = 010$。

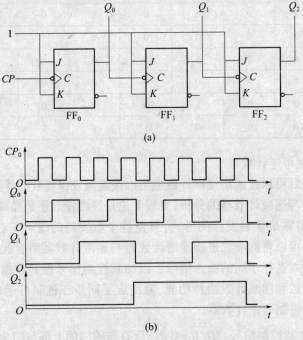

图 5-21 由 JK 触发器构成的 3 位异步二进制加法计数器

(a) 逻辑电路图；(b) 时序图。

86

当连续输入计数脉冲 CP 时,根据上述 T' 触发器的翻转规律,只要低位触发器由 1 状态翻到 0 状态,相邻触发器的状态便改变。在一系列 CP 计数脉冲的作用,Q_0、Q_1、Q_2 的时序波形如图 5 -21(b)所示。

从时序图出发还可以列出电路的状态转换表,画出状态转换图。这些都和同步二进制计数器相同,不再重复。与同步计数器不同的是,异步计数器一般不设专门的进位端与借位端,而是直接从最高位的 Q 或 $\overline{Q}$ 端引出进位与借位信号。

如果将 T' 触发器之间按二进制减法计数规则连接,就得到异步二进制减法计数器。按照二进制减法计数规则,若低位触发器已经为 0,则再输入一个减法计数脉冲后应翻成 1,同时向高位发出借位信号,使高位翻转。图 5 -21(a)就是按上述规则接成的 3 位二进制减法计数器。图中仍采用下降沿动作的 JK 触发器接成 T 触发器使用。

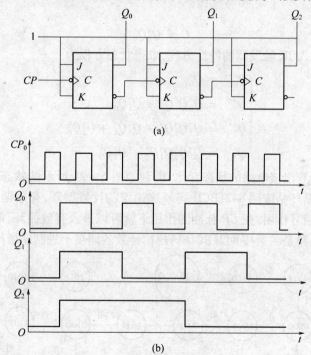

图 5 -22 由 JK 触发器构成的 3 位异步二进制减法计数器

(a)逻辑电路图;(b)时序图。

5.3.2 十进制计数器

数字电路中采用 BCD 码进行十进制数计数的计数器称为十进制计数器或 BCD 码计数器。在十进制计数器中,应用最多的 BCD 码是 8421BCD 码。

1. 同步十进制计数器

1)同步十进制加法计数器

图 5 -22 所示是用 JK 触发器构成的 4 位同步二进制加法计数器的逻辑图。下面分析该电路的工作原理。

首先写出该计数器的驱动方程与输出方程。

驱动方程为

87

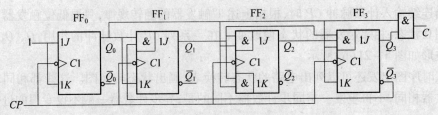

图 5-23　4位同步十进制加法计数器的逻辑图

$$\begin{cases} J_0 = K_0 = 1 \\ J_1 = \overline{Q}_3^n Q_0^n, K_1 = Q_0^n \\ J_2 = K_2 = Q_1^n Q_0^n \\ J_3 = Q_2^n Q_1^n Q_0^n, K_3 = Q_0^n \end{cases}$$

输出方程为

$$C = Q_3^n Q_0^n$$

将上述方程代入 JK 触发器的特性方程,求得状态方程为

$$\begin{cases} Q_0^{n+1} = \overline{Q}_0^n \\ Q_1^{n+1} = \overline{Q}_3^n \overline{Q}_1^n Q_0^n + Q_1^n \overline{Q}_0^n \\ Q_2^{n+1} = \overline{Q}_2^n Q_1^n Q_0^n + Q_2^n \overline{Q}_1^n + Q_2^n \overline{Q}_0^n \\ Q_3^{n+1} = \overline{Q}_3^n Q_2^n Q_1^n Q_0^n + Q_3^n \overline{Q}_0^n \end{cases}$$

按状态方程计算出该电路的状态变化,得到如图 5-24 所示的状态图。从图中可以看出,该电路的主循环是按照 8421BCD 码顺序递增的计数循环,有效循环以外的 6 个无效状态,无需其他信号作用,在 CP 脉冲的作用下就可以进入有效循环,即可以自行启动。由此可以证实该电路是一个按 8421BCD 码规律计数的同步十进制递增计数器。

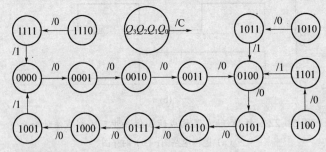

图 5-24　同步十进制加法计数器的状态图

2) 同步十进制减法计数器

同步十进制减法计数器的逻辑图,如图 5-24 所示。

驱动方程与输出方程如下:

驱动方程为

$$\begin{cases} J_0 = K_0 = 1 \\ J_1 = \overline{Q}_3^n \overline{Q}_2^n \overline{Q}_0^n, K_1 = \overline{Q}_0^n \\ J_2 = Q_3^n \overline{Q}_0^n, K_2 = \overline{Q}_1^n \overline{Q}_0^n \\ J_3 = \overline{Q}_2^n \overline{Q}_1^n \overline{Q}_0^n, K_3 = \overline{Q}_0^n \end{cases}$$

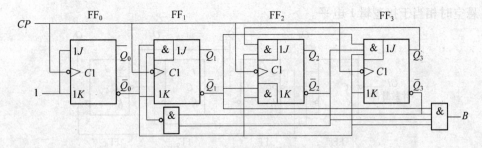

图 5-25 同步十进制减法计数器的逻辑图

输出方程为

$$B = \overline{Q_3^n} \overline{Q_2^n} \overline{Q_1^n} \overline{Q_0^n}$$

将上述方程代入 JK 触发器的特性方程,求得状态方程为

$$
\begin{cases}
Q_0^{n+1} = \overline{Q_0^n} \\
Q_1^{n+1} = Q_3^n \overline{Q_1^n} \overline{Q_0^n} + Q_2^n \overline{Q_1^n} \overline{Q_0^n} + Q_1^n Q_0^n \\
Q_2^{n+1} = Q_3^n \overline{Q_0^n} + Q_2^n Q_1^n + Q_2^n Q_0^n \\
Q_3^{n+1} = \overline{Q_3^n} \overline{Q_2^n} \overline{Q_1^n} \overline{Q_0^n} + Q_3^n Q_0^n
\end{cases}
$$

按状态方程计算出该电路的状态变化,得到如图 5-26 所示的状态图,从图中可以看出,该电路的主循环是按照 8421BCD 码顺序递减的计数循环,有效循环以外的 6 个无效状态,在 CP 脉冲的作用下也可以进入有效循环,即本电路也可以自行启动。由此可以证实该电路是一个按 8421BCD 码规律计数的同步十进制递减计数器,即同步十进制减法计数器。

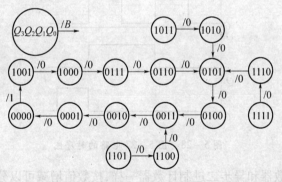

图 5-26 同步十进制减法计数器的状态图

与同步二进制计数器相似,将十进制加法计数器与十进制减法计数器组合起来,通过数据选择器给各触发器的输入选择不同的输入信号,用加减控制信号控制数据选择,就可得到同步十进制可逆计数器。从而在一个电路中实现十进制的递增计数和递减计数两种功能。具体电路这里不再赘述。

2. 异步十进制计数器

异步十进制加法计数器是在 4 位异步二进制加法计数器的基础上加以修改得到的。修改时要解决如何使 4 位二进制计数器在计数过程中跳过从 1010 到 1111 这 6 个状态。图 5-27 所示电路是异步十进制加法计数器的典型电路,假定所用的触发器为 TTL 电路,

JK 悬空时相当于接逻辑 1 电平。

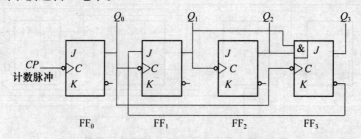

图 5-27　异步十进制加法计数器逻辑图

如果计数器从 $Q_3Q_2Q_1Q_0 = 0000$ 开始计数。由图可知,在输入第 8 个计数脉冲以前 FF₀、FF₁ 和 FF₂ 的 J 和 K 始终为 1,即工作在 T′触发器状态,其工作过程和异步二进制加法计数器相同。当第 8 个计数脉冲输入时,由于 $J_3 = K_3 = 1$,所以 Q_0 的下降沿到达以后,Q_3 由 0 变为 1。同时 J_1 也随 $\overline{Q_3}$ 变为 0 状态。第 9 个计数脉冲输入以后,电路状态变成 $Q_3Q_2Q_1Q_0 = 1001$,第 10 个计数脉冲输入后,Q_0 变成 0,同时 Q_0 的下降沿使 Q_3 变成 0,于是电路从 1001 返回到 0000,跳过了 1010～1111 这 6 个状态,成为十进制计数器。

将上述过程用电压波形表示,即得图 5-28 所示的时序图。

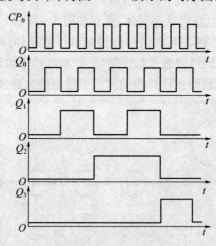

图 5-28　图 5-27 电路的时序图

异步十进制计数器和异步二进制计数器一样,按数值增减可以分为加法计数器、减法计数器和可逆计数器 3 类,其组成方法与相应的异步二进制计数器类似。

5.3.3　集成计数器的应用

目前所使用的计数器通常是集成计数器。为了增强集成计数器的功能,一般的集成计数器通常设有一些附加功能,称为通用集成计数器。这些计数器功能比较完善,而且还可以自扩展,通用性强。通常可以用一种通用集成计数器组成各种进制的计数器。

下面介绍几种集成计数器的功能及应用。

1. 74HC161

74HC161 是一种可预置数的同步二进制计数器,在计数脉冲上升沿作用下进行加法计数,其主要功能如下。

1) 清零

74HC161 有一个低电平有效的异步(直接)清零端$\overline{R}$,当异步清零端$\overline{R}$为低电平时,可使计数器直接清零,这种清零方式称为异步(直接)清零。

2) 预置数

在实际工作中,有时在开始计数前,需将某一设定数据预先写入到计数器中,然后在计数脉冲 CP 的作用下,从该数值开始作加法或减法计数,这种过程称为预置数。74HC161 有 4 个并行预置数数据输入端 $D_0 \sim D_3$ 和一个低电平有效的预置数控制端$\overline{LD}$。当预置数控制端$\overline{LD}$为低电平时,在计数脉冲 CP 上升沿的作用下,并行预置数数据输入端 $D_0 \sim D_3$,所输入的数据被送入计数器,使计数器的状态和并行预置数数据输入端的状态相同,这种预置数方式称为同步预置数。当$\overline{LD}$为高电平时,不起作用。

3) 计数控制

74HC161 有两个计数控制端 ET 和 EP,当计数控制端 ET 和 EP 均为高电平时,在 CP 上升沿的作用下计数器进行计数,$Q_0 \sim Q_3$ 同时变化;当 ET 或 EP 有一个为低电平时,则禁止计数。

4) 进位

74HC161 有一个进位输出端 CO,该输出端在其他情况下为低电平,只有当计数器的 $ET = 1$,并且计数器的输出全部为 1 时,CO 才为高电平。计数器计数时,当计数到最大(4 个输出端 $Q_3 \sim Q_0$ 为 1111)时,CO 输出高电平,其持续时间等于 Q_0 的高电平部分。

图 5-29 所示是利用 74HC161 和一个与非门组成的六进制计数器。电路中,4 个预置数数据输入端 $D_0 \sim D_3$,均接低电平,清零端 R 接高电平,Q_2、Q_0 经与非门与预置数控制端$\overline{LD}$相连。不难分析,当计数器计到 $Q_3Q_2Q_1Q_0 = 0101$(对应十进制数 5)时,$\overline{LD}$ 为低电平,在第 6 个 CP 上升沿到来后将 $D_3D_2D_1D_0 = 0000$ 的数据置入计数器,使 $Q_3Q_2Q_1Q_0 = 0000$,所以计数器的输出只有 0000 $\sim$ 0101 6 种有效状态,计数器为六进制计数器。

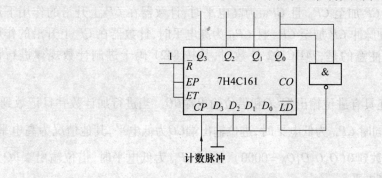

图 5-29 74HC161 构成的六进制计数器

当需要位数更多的计数器时,可按如图 5-30 所示电路进行级联。图中,异步清零端$\overline{R}$、预置数控制端$\overline{LD}$及计数脉冲端 CP 均分别并接在一起。第 1 级(最低位)的计数控制端 EP 和 ET 接 + V_{DD},使它处于计数状态。第 1 级的进位输出端 CO 接第 2 级和第 3 级的进位输出端 ET,第 2 级的 EP 接 + V_{DD},而第 2 级的 CO 接第 3 级(最高位)的

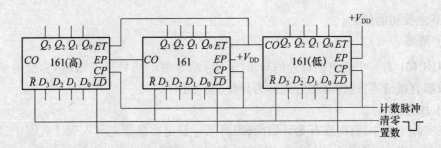

图 5-30 74HC161 构成的级联电路

EP。这样只有当第一级的输出状态 $Q_3Q_2Q_1Q_0 = 1111$,进位输出端 CO 为高电平时,第 2 级才能计数。只有当第 1 级和第 2 级的进位输出端 CO 都为高电平时,第 3 级才能计数。

2. 74HC192

74HC192 为可预置同步 8421 码十进制加/减可逆计数器,它有两个时钟脉冲输入端,进行加计数或减计数时,有各自的时钟脉冲输入端,可以进行加计数或减计数。其主要功能如下:

1)异步清零

74HC192 具有清零端 R(高电平有效),当 R 为高电平时,不管其他输入端为什么状态,计数输出端 $Q_3 \sim Q_0$ 均为低电平。

2)预置数

和 74HC161 一样,74HC192 有 4 个并行预置数据输入端 $D_0 \sim D_3$,和一个低电平有效的预置数控制端 $\overline{LD}$。当 R 为低电平、预置数控制端 $\overline{LD}$ 为低电平时,不管 CP 状态如何,可将预置数 $D_0 \sim D_3$ 置入计数器(为异步置数,而 $74HC161$ 为同步置数);当 $\overline{LD}$ 为高电平时,不起作用。

3)可逆计数

当计数时钟脉冲 CP 加至 CP_U 且 CP_D 为高电平时,计数器在 CP 上升沿的作用下进行加计数;当计数时钟脉冲 CP 加至 CP_D 且 CP_U 为高电平时,计数器在 CP 上升沿的作用下进行减计数。应该注意的是,74HC192 计数时,是按 8421 码十进制计数规律进行计数的。

另外,74HC192 还具有进位输出端 $\overline{CO}$ 和借位输出端 $\overline{BO}$。当进行加计数并且记数到 9($Q_3Q_2Q_1Q_0 = 1001$),同时 CP_U 为低电平时,进位输出端 $\overline{CO}$ 为低电平,其他情况为高电平。当进行减计数并且计数到 0($Q_3Q_2Q_1Q_0 = 0000$),同时 CP_D 为低电平时,借位输出端 $\overline{BO}$ 为低电平,其他情况为高电平。

图 5-31 所示是 74HC192 进行串行级联时的电路图。各级的清零端 R 和预置数控制端 $\overline{LD}$ 并接在一起,同时将低位的进位输出端 $\overline{CO}$ 接到高一位的 CP_U,将低位的借位输出端 $\overline{BO}$ 接到高一位的 CP_D。作减计数时,一旦低位计数器的数值减到零,同时低位的 CP_D 也为低电平时,则低位的 $\overline{BO}$ 为低电平,使高位的 CP_D 也为低电平;低位的 CP_D 上升沿到

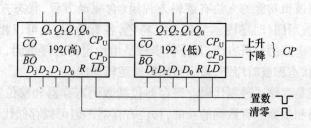

图 5-31　74HC192 的串行级联应用

来时,使低位的 $\overline{BO}$(接高位的 CP_D)恢复为高电平,此上升沿使高位进行减计数,同时本位由 0000 跳变到 1001,继续进行减计数。作加计数时,一旦低位计数到 1001 时,同时低位的 CP_U 也为低电平时,则低位的 $\overline{CO}$ 为低电平,使高位的 CP_U 也为低电平;低位的 CP_U 上升沿到来时,使低位的 $\overline{CO}$(接高位的 CP_U)恢复为高电平,此上升沿使高位进行加计数,同时本位由 1001 跳到 0000,继续进行加计数。计数器的初始状态可由预置数控制端 $\overline{LD}$ 和预置数输入端 $D_0 \sim D_3$ 来设定。

集成器具有多种不同的型号,不同的工作方式,表 5-5 列出了部分常用的集成计数器,用户可根据不同的需要选择。

表 5-5　通用集成计数器

型号	计数方式	模及码制	逻辑方式	预制方式	复位方式	触发方式
74160	同步	模 10,8421BCD 码	加法	同步	异步	上升沿
74161	同步	模 16,二进制	加法	同步	异步	上升沿
74162	同步	模 10,8421BCD 码	加法	同步	同步	上升沿
74163	同步	模 16,二进制	加法	同步	同步	上升沿
74190	同步	模 10,8421BCD 码	单时钟,加/减	异步		上升沿
74191	同步	模 16,二进制	单时钟,加/减	异步		上升沿
74192	同步	模 10,8421BCD 码	双时钟,加/减	异步	异步	上升沿
74193	同步	模 16,二进制	双时钟,加/减	异步	异步	上升沿
CD4020		模 2^{14},二进制	加法		异步	下降沿

本 章 小 结

时序逻辑电路通常由组合电路及存储电路两大部分组成。时序电路的特点是存储电路能将电路的状态记忆下来,并和当前的输入信号一起决定电路的输出信号。这个特点决定了时序电路的逻辑功能,即时序电路在任一时刻的输出信号不仅和当时的输入信号有关,而且还与电路原来的状态有关。

时序电路可分为同步时序电路和异步时序电路两种工作方式。它们的主要区别是,在同步时序电路的存储电路中,所有触发器的 CP 端均受同一时钟脉冲源控制,而在异步时序电路中,各触发器 CP 端不受同一个时钟脉冲控制。

描述时序电路逻辑功能的方法有逻辑方程组(含驱动方程、状态方程和输出方程)、状态表、状态图和波形图(时序图),它们各具特色,各有所用,且可以相互转换。本章重点讲述了同步时序电路的分析方法,其分析步骤是由给定的时序电路,写出逻辑方程组,列出状态表,画出状态图或时序图,最后指出电路逻辑功能。

寄存器的功能是存储二进制代码。寄存器包括数码寄存器和移位寄存器,数码寄存器只具有存取数码和清除原有数码的功能,移位寄存器不但可以存储代码,还可用来实现数据的串行—并行转换、数据处理及数值的运算。

计数器不仅能用于累计输入时钟脉冲的个数,还能用于分频、定时、产生节拍脉冲等。有同步、异步之分,还有加法、减法和可逆之分,本章重点分析了不同类型的二进制计数器、十进制计数器、集成计数器的工作原理及应用。

思考与练习题

5-1 填空题

(1) 时序逻辑电路的输出不仅取决于同一时刻的输入,而且和电路( )有关。

(2) 时序电路一般包含( )和( )两部分。

(3) 时序电路中的存储电路一般由( )构成。

(4) 寄存器按所具备的功能可分为( )寄存器和( )寄存器。

(5) 计数器按计数脉冲的控制方式不同可分为( )计数器和( )计数器两类。

5-2 分析题

(1) 分析如图 5-32 所示的时序电路,说明其逻辑功能,并画出时序图。

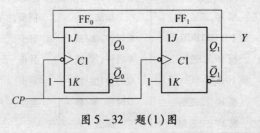

图 5-32　题(1)图

(2) 分析如图 5-32 所示的时序电路,说明其逻辑功能,并画出时序图。

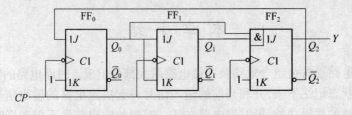

图 5-33　题(2)图

(3) 分析如图 5-34 所示的时序电路,说明其逻辑功能,并画出时序图。

(4) 使用下降沿触发的 JK 触发器设计按照自然态序计数的下列计数长度的同步计数器。

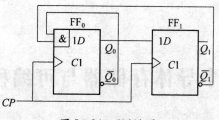

图 5-34 题(3)图

① 三进制递增计数器；
② 三进制递减计数器；
③ 七进制递增计数器；
④ 七进制递减计数器。

(5) 使用上升沿触发的 D 触发器设计按照自然态序计数的下列计数长度的同步计数器。

① 三进制递增计数器；
② 三进制递减计数器；
③ 七进制递增计数器；
④ 七进制递减计数器。

(6) 分析如图 5-35 所示电路各为几进制计数器？

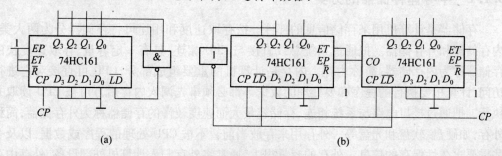

图 5-35 题(6)图

(7) 分析如图 5-36 所示电路为几进制计数器？

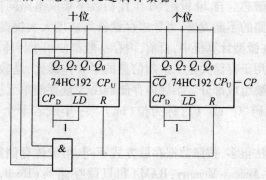

图 5-36 题(7)图

(8) 试利用 74HC161 和 74HC192 分别设计一个九进制计数器
(9) 试利用 74HC161 设计一个二十四进制计数器
(10) 试画出利用集成计数器 74HC192 构成的四十八进制计数器的电路。

第6章　半导体存储器与可编程逻辑器件

【学习目标】

1. 了解半导体存储器的基本概念、分类和性能指标。

2. 掌握 RAM 的基本结构，理解其工作原理，能够使用集成 RAM 芯片并进行容量扩展。

3. 熟悉 ROM 的基本结构、掌握 ROM 的特点及应用。

4. 了解可编程逻辑器件的组成及其特点。

6.1　半导体存储器概述

6.1.1　半导体存储器的分类

存储器是计算机用来存储信息的部件。按存取速度和用途可将存储器分为两大类：内存储器和外存储器。把通过系统总线直接与 CPU 相连、具有一定容量、存取速度快的存储器称为内存储器，简称内存。内存是计算机的重要组成部分，CPU 可直接对它进行访问，计算机要执行的程序和要处理的数据等都必须事先调入内存后方可被 CPU 读取并执行。把通过接口电路与系统相连、存储容量大而速度较慢的存储器称为外存储器，简称外存，如硬盘、软盘和光盘等。外存用来存放当前暂不被 CPU 处理的程序或数据，以及一些需要永久性保存的信息。外存的容量很大，通常将外存归入计算机外部设备，外存中存放的信息必须调入内存后才能被 CPU 使用。

早期的内存使用磁芯。自 20 世纪 60 年代初数字集成电路问世以来，随着集成电路工艺和大规模集成电路的不断发展，半导体存储器集成度大大提高，成本迅速下降，存取速度大大加快，所以在微型计算机中，目前，内存一般都使用半导体存储器。

半导体存储器是用于存储大量二进制信息的半导体器件，是数字系统特别是计算机系统中不可缺少的重要组成部分。半导体存储器由大量存储单元组成，每个存储单元可以存放一位二进制代码"0"或"1"，称为位(bit)。一个或若干个存储单元构成一个字(word)。

半导体的分类方法很多，按照数据存取方式不同，半导体存储器可分为两大类：随机读写存储器(Random Access Memory, RAM)和只读存储器(Read Only Memory, ROM)。RAM 是可读、可写的存储器，也叫随机存取存储器，CPU 可以对 RAM 的内容随机地读写访问，RAM 中的信息断电后即丢失。对于 ROM 来说，其中存储的内容一旦写入(将数据存入存储器)，在工作过程中不会改变，断电后数据也不会丢失，所以 ROM 也称为固定存储器，常用来存放不需要改变的信息(如某些系统程序)，信息一旦写入就固定不变了。

96

根据制造工艺的不同,RAM 主要有双极型和 MOS 型两类。双极型存储器具有存取速度快、集成度较低、功耗较大、成本较高等特点,适用于对速度要求较高的高速缓冲存储器,一般用于大型超高速计算机中;MOS 型存储器具有集成度高、功耗低、价格便宜等特点,适用于内存储器,在大规模集成电路中采用较多。

MOS 型存储器按信息存放方式又可分为静态 RAM(Static RAM,SRAM)和动态 RAM(Dynamic RAM,DRAM)。SRAM 存储电路以双稳态触发器为基础,状态稳定,只要不掉电,信息不会丢失。其优点是不需要刷新,控制电路简单,但集成度较低,适用于不需要大存储容量的计算机系统。DRAM 存储单元以电容为基础,电路简单,集成度高,但它的存取速度不如 SRAM 快,同时也存在一定的问题,即电容中的电荷由于漏电会逐渐丢失,因此 DRAM 需要定时刷新,它适用于大存储容量的计算机系统。

ROM 在使用过程中,只能读出存储的信息而不能用通常的方法将信息写入存储器。目前常见的有掩膜式 ROM,用户不可对其编程,其内容已由厂家设定好,不能更改;可编程 ROM(Programmable ROM,PROM),用户只能对其进行一次编程,写入后不能更改;紫外线可擦除的 PROM(Erasable PROM,EPROM),其内容可用紫外线擦除,用户可对其进行多次编程;电擦除的 PROM(Electrically Erasable PROM,EEPROM 或 E^{2}PROM),能对存储单位逐个擦除和改写,因此它擦除和改写的速度要比 EPROM 快得多。

半导体存储的分类如图 6 - 1 所示。

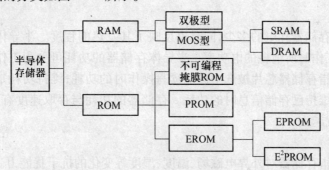

图 6 - 1　半导体存储器的分类

6.1.2　半导体存储器的主要技术指标

半导体存储器的指标是正确选择存储器的基本依据,主要包括存储容量、存取时间、存储周期、功耗、可靠性、集成度以及性能/价格比等。

1. 存储容量

容量是指半导体存储器芯片上能存储的二进制数的位数。存储容量越大,说明它能存储的信息就越多,计算机系统的功能便越强。存储容量是半导体存储器的重要性能指标,常有两种表示方法。

(1) 用存储器芯片所能存储的字数和每字位数的乘积来表示,即

$$存储容量 = 字数 \times 位数$$

例如,容量为 1024 × 1 的芯片,则该芯片上有 1024 个存储单元,每个单元内可存储一位二进制数;再如,存储容量为 256 × 4 的存储芯片表示它有 256 个存储单元,每个单元可

以存放 4 位二进制信息。

（2）在微型计算机中，信息的存放都是以字节为单位的，所以，往往用字节 B(Byte)来表示存储器的容量。1B 包括 8 个二进制位，能存放 8 个二进制信息，即 1B = 8b(bit)。例如，128B，表示该芯片有 128 个单元，每个存储单元的长度为 8 位。现代计算机存储容量很大，常用 KB、MB、GB 和 TB 为单位表示存储容量的大小。其中，$1KB = 2^{10}B = 1024B$，$1MB = 2^{20}B = 1024KB$，$1GB = 2^{30}B = 1024MB$，$1TB = 2^{40}B = 1024\ GB$。

2. 存取时间

半导体存储器的存取时间指的是微处理器从其中读取或写入一个数所需要的时间，亦称为读写周期，即存储器从接收到微处理器送来的地址，到微处理器从该地址读取或写入一个数据所需要的时间。显然，存取时间越短，其运行速度就越快。半导体存储器的存取时间一般以 ns 为单位。存储器芯片的手册中一般会给出典型的存取时间或最大时间。在芯片外壳上标注的型号往往也给出了时间参数，例如，2732A – 20，表示该芯片的存取时间为 20ns。

3. 存储周期

连续启动两次独立的存储器操作（如连续两次读操作）所需要的最短间隔时间称为存储周期。它是衡量主存储器工作速度的重要指标。一般情况下，存储周期略大于存取时间。

4. 功耗

功耗反映了存储器耗电的多少，同时也反映了其发热的程度。半导体存储器的功耗指的是，其正常工作时所消耗的电功率。半导体存储器的功耗可分为工作功耗和维持功耗。工作功耗是指存储器芯片被选中进行读写操作时的功耗；维持功耗是指存储器芯片未被选中而仅仅维持已存储信息时的功耗。存储器的功耗与存取速度有关，一般存取速度越快，功耗也就越大。

5. 可靠性

可靠性一般指存储器对外界电磁场、温度、湿度等变化的抗干扰能力。存储器的可靠性用平均故障间隔时间（Mean Time Between Failures, MTBF）来衡量。MTBF 可以理解为两次故障之间的平均时间间隔。MTBF 越长，可靠性越高，存储器正常工作能力越强。由于存储器常采用 VLSI（超大规模集成电路工艺技术）工艺制成，故它的可靠性通常较高，寿命比较长，平均无故障时间可达几千小时以上。

6. 集成度

集成度是指在一块存储芯片内能集成多少个基本存储电路，每个基本存储电路存放一位二进制信息，所以集成度常用位/片来表示。

7. 性能/价格比

性能/价格比（简称性价比）是衡量存储器经济性能好坏的综合指标，它关系到存储器的实用价值。其中性能包括前述的各项指标，而价格是指存储单元本身和外围电路的总价格。

在实际中选择半导体存储器，需根据不同的要求和应用场合，重点考虑某个或某几个指标。例如，如果需要存储大量信息，则首先要考虑的指标可能是存储器的容量，其他的指标是次要考虑因素；如果是应用在电池供电的便携式仪器中，则首先需要考虑的指标可能是存储器的功耗;如果应用在对实时监测与控制系统中,则首先需要考虑的指标可能是存取时间等。

6.2 随机读写存储器

6.2.1 RAM 芯片的基本结构

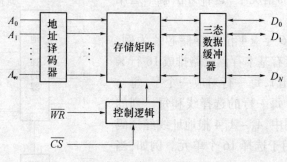

图 6 - 2 RAM 组成框图

1. 存储体

存储体是存储器中存储信息的部分,由大量的基本存储电路组成。每个基本存储电路能存放一位二进制信息,将这些基本存储电路有规则地组织起来(一般为矩阵结构)就构成了存储体(存储矩阵)。不同存取方式的芯片,采用的基本存储电路也不相同。

存储体中,可以由 N 个基本存储电路构成一个并行存取 N 位二进制代码的存储单元(N 的取值一般为 1、4、8 等)。为了便于信息的存取,给同一存储体内的每个存储单元赋予一个唯一的编号,该编号就是存储单元的地址。这样,对于容量为 2^n 个存储单元的存储体,需要 n 条地址线对其编址,若每个单元存放 N 位信息,则需要 N 条数据线传送数据,芯片的存储容量就可以表示为 $2^n \times N$ 位。

2. 外围电路

外围电路主要包括地址译码电路和由三态数据缓冲器、控制逻辑两部分组成的读/写控制电路。

1)地址译码电路

存储芯片中的地址译码电路对 CPU 从地址总线发来的 n 位地址信号进行译码,经译码产生的选择信号可以唯一地选中片内某一存储单元,在读/写控制电路的控制下可对该单元进行读/写操作。

2)读/写控制电路

读/写控制电路接收 CPU 发来的相关控制信号,以控制数据的输入/输出。三态数据缓冲器是数据输入/输出的通道,数据传输的方向取决于控制逻辑对三态门的控制。CPU 发往存储芯片的控制信号主要有读/写信号($\overline{WR}$)、片选信号($\overline{CS}$)等。值得注意的是,不同性质的半导体存储芯片其外围电路部分也各有不同,如在 DRAM 中还要有预充、刷新等方面的控制电路,而对于 ROM 芯片在正常工作状态下只有输出控制逻辑等。

3. 地址译码方式

芯片内部的地址译码主要有两种方式,即单译码方式和双译码方式。单译码方式适用于小容量的存储芯片,对于容量较大的存储器芯片则应采用双译码方式。

1) 单译码方式

单译码方式只用一个译码电路对所有地址信息进行译码,译码输出的选择线直接选中对应的单元,如图6-3所示。一根译码输出选择线对应一个存储单元,故在存储容量较大、存储单元较多的情况下,这种方法就不适用了。

以一个简单的16字×4位的存储芯片为例,如图6-3所示。将所有基本存储电路排成16行×4列(图中未详细画出),每一行对应一个字,每一列对应其中的一位。每一行的选择线和每一列的数据线是公共的。图中,$A_0 \sim A_3$ 4根地址线经译码输出16根选择线,用于选择16个单元。例如,当$A_3A_2A_1A_0 = 0000$,而片选信号为$\overline{CS} = 0$、$\overline{WR} = 1$时,将0号单元中的信息读出。

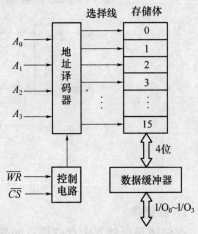

图6-3 单译码方式

2) 双译码方式

双译码方式把 n 位地址线分成两部分,分别进行译码,产生一组行选择线 X 和一组列选择线 Y,每一根 X 线选中存储矩阵中位于同一行的所有单元,每一根 Y 线选中存储矩阵中位于同一列的所有单元,当某一单元的 X 线和 Y 线同时有效时,相应的存储单元被选中。图6-4给出了一个容量为1K字(单元)×1位的存储芯片的双译码电路。1K(1024)个基本存储电路排成32×32的矩阵,10根地址线分成$A_0 \sim A_4$和$A_5 \sim A_9$两组。$A_0 \sim A_4$经X译码输出32条行选择线,$A_5 \sim A_9$经Y译码输出32条列选择线。行、列选择线组合可以方便地找到1024个存储单元中的任何一个。例如,当$A_4A_3A_2A_1A_0 = 00000$、$A_9A_8A_7A_6A_5 = 00000$时,第0号单元被选中,通过数据线I/O实现数据的输入或输出。图中,X和Y译码器的输出线各有32根,总输出线数仅为64根。若采用单译码方式,将有1024根译码输出线。

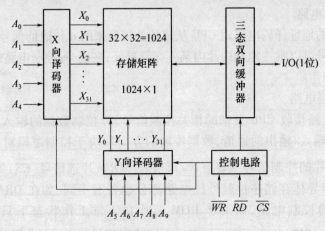

图6-4 双译码方式

6.2.2 SRAM

1. SRAM 的基本存储电路

SRAM 的基本存储电路通常由 6 个 MOS 管组成,如图 6-5 所示。电路中 V_1、V_2 为工作管,V_3、V_4 为负载管,V_5、V_6 为控制管。其中,由 V_1、V_2、V_3 及 V_4 管组成了双稳态触发器电路,V_1 和 V_2 的工作状态始终为一个导通,另一个截止。V_1 截止、V_2 导通时,A 点为高电平,B 点为低电平;V_1 导通、V_2 截止时,A 点为低电平,B 点为高电平。所以,可用 A 点电平的高低来表示"0"和"1"两种信息。

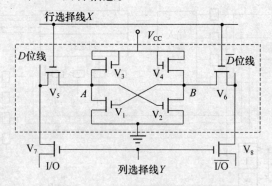

图 6-5　六管静态 RAM 存储电路

V_7、V_8 管为列选通管,配合 V_5、V_6 两个行选通管,可使该基本存储电路用于双译码电路。当行线 X 和列线 Y 都为高电平时,该基本存储电路被选中,V_5、V_6、V_7、V_8 管都导通,于是 A、B 两点与 I/O、$\overline{I/O}$ 分别连通,从而可以进行读/写操作。

写操作时,如果要写入"1",则在 I/O 线上加上高电平,在 $\overline{I/O}$ 线上加上低电平,并通过导通的 V_5、V_6、V_7、V_8 共 4 个 MOS 管,把高、低电平分别加在 A、B 点,即 A = "1",B = "0",使 V_1 管截止,V_2 管导通。当输入信号和地址选择信号(即行、列选通信号)消失以后,V_5、V_6、V_7、V_8 管都截止,V_1 和 V_2 管就保持被强迫写入的状态不变,从而将"1"写入存储电路。此时,各种干扰信号不能进入 V_1 和 V_2 管。所以,只要不掉电,写入的信息不会丢失。写入"0"的操作与其类似,只是在 I/O 线上加上低电平,在 $\overline{I/O}$ 线上加上高电平。

读操作时,若该基本存储电路被选中,则 V_5、V_6、V_7、V_8 管均导通,于是 A、B 两点与位线 D 和 $\overline{D}$ 相连,存储的信息被送到 I/O 与 $\overline{I/O}$ 线上。读出信息后,原存储信息不会被改变。

由于 SRAM 的基本存储电路中管子数目较多,故集成度较低。此外,V_1 和 V_2 管始终有一个处于导通状态,使得 SRAM 的功耗比较大。但是 SRAM 不需要刷新电路,所以简化了外围电路。

2. 集成 2114 SRAM 芯片介绍

Intel 2114 SRAM 芯片的容量为 $1K \times 4$ 位,18 脚封装,+5 V 电源,芯片内部结构及芯片外引脚图和逻辑符号分别如图 6-6 和图 6-7 所示。

由于 $1K \times 4 = 4096$,所以 Intel 2114 SRAM 芯片有 4096 个基本存储电路,将 4096 个基本存储电路排成 64 行 $\times$ 64 列的存储矩阵,每根列选择线同时连接 4 位列线,对应于并行

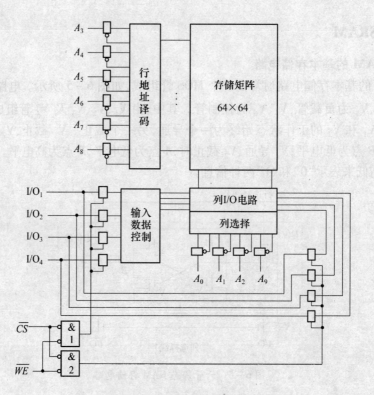

图 6 – 6　Intel 2114 内部结构

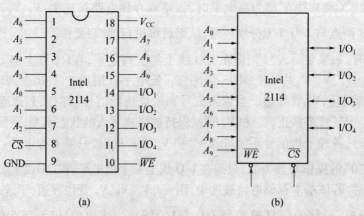

(a)　　　　　　　　　　　(b)

图 6 – 7　Intel 2114 引脚及逻辑符号

（a）外引脚图；（b）逻辑符号。

的 4 位（位于同一行的 4 位应作为同一单元的内容被同时选中），从而构成了 64 行 × 16 列 = 1K 个存储单元，每个单元有 4 位，这样总的存储容量为 $64 \times 16 \times 4 = 1024 \times 4$ 位，即 $1K \times 4$ 位。1K 个存储单元应有 $A_0 \sim A_9$ 10 个地址输入端，2114 片内地址译码采用双译码方式，$A_3 \sim A_8$ 共 6 根线用于行地址译码输入，经行译码产生 64 根行选择线，A_0、A_1、A_2 和 A_9 共 4 根线用于列地址译码输入，经过列译码产生 16 根列选择线。

地址输入线 $A_0 \sim A_9$ 送来的地址信号分别送到行、列地址译码器，经译码后选中一个存储单元（有 4 个存储位）。当片选信号 $\overline{CS} = 0$ 且 $\overline{WE} = 0$ 时，数据输入三态门打开，I/O 电

102

路对被选中单元的 4 位进行写入;当$\overline{CS}=0$ 且$\overline{WE}=1$ 时,数据输入三态门关闭,而数据输出三态门打开,I/O 电路将被选中单元的 4 位信息读出送数据线;当$\overline{CS}=1$ 即$\overline{CS}$无效时,不论$\overline{WE}$为何种状态,各三态门均为高阻状态,芯片不工作。

6.2.3 DRAM

DRAM 的存储单元是由 MOS 管的栅极电容 C 和门控管组成。数据以电荷的形式存储在栅极电容上,当电容上的电压为高电压时,表示存储的数据为 1;当电容没有储存电荷,电压为 0 时,表明存储的数据为 0。尽管 MOS 管的栅极电阻非常高,但仍不可避免地存在漏电,使电容存储的信息不能长久地保持,为防止信息丢失,DRAM 必须定时进行刷新,使泄漏的电荷得到补充。DRAM 的基本存储电路主要有六管、四管、三管和单管等几种形式,它们各有特点。这里只介绍 4 管电路和单管电路。

1. 四管 DRAM 基本存储电路

图 6 – 5 所示的六管 SRAM 基本存储电路依靠 V_1 和 V_2 管来存储信息,电源 V_{CC} 通过 V_3、V_4 管向 V_1、V_2 管补充电荷,所以,V_1 和 V_2 管上存储的信息可以保持不变。实际上,由于 MOS 管的栅极电阻很高,泄漏电流很小,即使去掉 V_3、V_4 管和电源 V_{CC},V_1 和 V_2 管栅极上的电荷也能维持一定的时间,于是可以由 V_1、V_2、V_5、V_6 构成四管动态 RAM 基本存储电路,如图 6 – 8 所示。

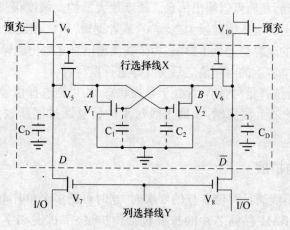

图 6 – 8 四管 DRAM 存储电路

电路中,V_5、V_6、V_7、V_8 管仍为控制管,当行选择线 X 和列选择线 Y 都为高电平时,该基本存储电路被选中,V_5、V_6、V_7、V_8 管都导通,则 A、B 点与位线 D、$\overline{D}$ 分别相连,再通过 V_7、V_8 管与外部数据线 I/O、$\overline{I/O}$ 相通,这样就可以进行读/写操作。另外,在列选择线上还接有两个公共的预充管 V_9 和 V_{10}。

写操作时,如果要写入"1",则在 I/O 线上加上高电平,在$\overline{I/O}$线上加上低电平,并通过导通的 V_5、V_6、V_7、V_8 这 4 个晶体管,把高、低电平分别加在 A、B 点,将信息存储在 V_1 和 V_2 管栅极电容上。行、列选通信号消失以后,V_5、V_6 截止,靠 V_1、V_2 管栅极电容的存储作用,在一定时间内可保留所写入的信息。

读操作时,先给出预充信号使 V_9、V_{10} 导通,由电源对电容 C_D 和 $C_{\overline{D}}$ 进行预充电,使它们达到电源电压。行、列选择线上为高电平,使 V_5、V_6、V_7、V_8 导通,存储在 V_1、V_2 上的信息经 A、B 点向 I/O、$\overline{\text{I/O}}$ 线输出。若原来的信息为"1",即电容 C_2 上存有电荷,V_2 导通,V_1 截止,则电容 $C_{\overline{D}}$ 上的预充电荷通过 V_6 经 V_2 泄漏,于是,I/O 线输出 0,$\overline{\text{I/O}}$ 线输出 1。同时,电容 C_D 上的电荷通过 V_5 向 C_2 补充电荷,所以,读出过程也是刷新的过程。

2. 单管 DRAM 基本存储电路

单管 DRAM 基本存储电路只有一个电容和一个 MOS 管,是最简单的存储元件结构,如图 6-9 所示。在这样的一个基本存储电路中,存放的信息到底是"1"还是"0",取决于电容中有没有电荷。在保持状态下,行选择线为低电平,V 管截止,使电容 C 基本没有放电回路(当然还有一定的泄漏),其上的电荷可暂存数毫秒或者维持无电荷的"0"状态。

对由这样的基本存储电路组成的存储矩阵进行读操作时,若某一行选择线为高电平,则位于同一行的所有基本存储电路中的 V 管都导通,于是刷新放大器读取对应电容 C 上的电压值,但只有列选择信号有效的基本

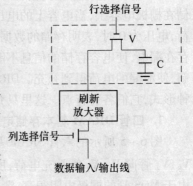

图 6-9　单管动态存储电路

存储电路才受到驱动,从而可以输出信息。刷新放大器的灵敏度很高,放大倍数很大,并且能将读得的电容上的电压值转换为逻辑"0"或者逻辑"1"。在读出过程中,选中行上所有基本存储电路中的电容都受到了影响,为了在读出信息之后仍能保持原有的信息,刷新放大器在读取这些电容上的电压值之后又立即进行重写。

在写操作时,行选择信号使 V 管处于导通状态,如果列选择信号也为"1",则此基本存储电路被选中,于是由数据输入/输出线送来的信息通过刷新放大器和 V 管送到电容 C。

6.2.4　RAM 的扩展

当单片 RAM 不能满足存储容量的要求时,这时可把多个单片 RAM 进行组合,扩大成大容量存储器。RAM 存储芯片的扩展包括位扩展、字扩展和字位同时扩展等三种情况。

1. 位扩展

位扩展是指存储芯片的字(单元)数满足要求而位数不够,需对每个存储单元的位数进行扩展。图 6-10 给出了使用 8 片 8K×1 的 RAM 芯片通过位扩展构成 8K×8 的存储器系统的连线图。

由于存储器的字数与存储器芯片的字数一致,8K = 2^{13},故只需 13 根地址线(A_{12} ～ A_0)对各芯片内的存储单元寻址,每一芯片只有一条数据线,所以需要 8 片这样的芯片,将它们的数据线分别接到数据总线(D_7 ～ D_0)的相应位。在此连接方法中,每一条地址线有 8 个负载,每一条数据线有一个负载。在位扩展法中,所有芯片都应同时被选中,各芯片 $\overline{CS}$ 端可直接接地,也可并联在一起,根据地址范围的要求,与高位地址线译码产生的片选

信号相连。对于此例,若地址线 $A_0 \sim A_{12}$ 上的信号为全 0,即选中了存储器 0 号单元,则该单元的 8 位信息是由各芯片 0 号单元的 1 位信息共同构成的。可以看出,位扩展的连接方式是将各芯片的地址线、片选 $\overline{CS}$、读/写控制线相应并联,而数据线要分别引出。

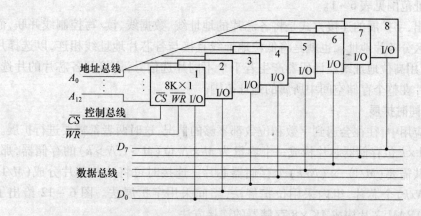

图 6-10　用 $8K \times 1$ 位芯片组成 $8K \times 8$ 位的存储器

2. 字扩展

字扩展用于存储芯片的位数满足要求而字数不够的情况,是对存储单元数量的扩展。图 6-11 给出了用 4 个 $16K \times 8$ 芯片经字扩展构成一个 $64K \times 8$ 存储器系统的连接方法。

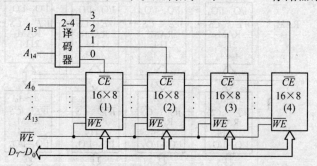

图 6-11　用 $16K \times 8$ 位芯片组成 $64K \times 8$ 位的存储器

表 6-1　图 6-11 中各芯片地址空间分配表

片号	地址 $A_{15}A_{14}$	$A_{13}A_{12}A_{11}\cdots A_1A_0$	说　明
1	00	000…00	最低地址(0000H)
	00	111…11	最高地址(3FFFH)
2	01	000…00	最低地址(4000H)
	01	111…11	最高地址(7FFFH)
3	10	000…00	最低地址(8000H)
	10	111…11	最高地址(BFFFH)
4	11	000…00	最低地址(C000H)
	11	111…11	最高地址(FFFFH)

图中 4 个芯片的数据端与数据总线 $D_7 \sim D_0$ 相连;地址总线低位地址 $A_{13} \sim A_0$ 与各芯片的 14 位地址线连接,用于进行片内寻址;为了区分 4 个芯片的地址范围,还需要两根高位地址线 A_{14}、A_{15} 经 2 - 4 译码器译出 4 根片选信号线,分别和 4 个芯片的片选端相连。各芯片的地址范围见表 6 -1。

　　可以看出,字扩展的连接方式是将各芯片的地址线、数据线、读/写控制线并联,而由片选信号来区分各片地址。也就是将低位地址线直接与各芯片地址线相连,以选择片内的某个单元;用高位地址线经译码器产生若干个不同片选信号,连接到各芯片的片选端,以确定各芯片在整个存储空间中所属的地址范围。

3. 字位同时扩展

　　在实际应用中,往往会遇到字数和位数都不够的情况,这时两者都需要进行扩展。

　　若使用 $1 \times k$ 位存储器芯片构成一个容量为 $M \times N$ 位 ($M > 1$, $N > k$) 的存储器,那么,这个存储器共需要 $(M/1) \times (N/k)$ 个存储器芯片。连接时可将这些芯片分成 $(M/1)$ 个组,每组有 (N/k) 个芯片,组内采用位扩展法,组间采用字扩展法。图 6 - 12 给出了用 2114(1K×4) RAM 芯片构成 4K×8 存储器的连接方法。

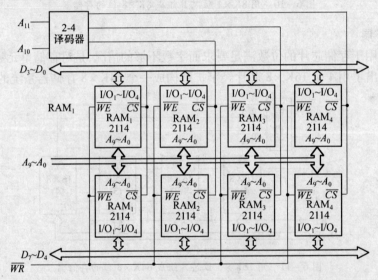

图 6 - 12　字位同时扩展连接图

　　图中将 8 片 2114 芯片分成了 4 组 (RAM_1、RAM_2、RAM_3 和 RAM_4),每组 2 片。组内用位扩展法构成 1K×8 的存储模块,4 个这样的存储模块用字扩展法连接便构成了 4K×8 的存储器。用 $A_9 \sim A_0$ 共 10 根地址线对每组芯片进行片内寻址,同组芯片应被同时选中,故同组芯片的片选端应并联在一起。本例用 2 - 4 地址译码器对两根高位地址线 $A_{10} \sim A_{11}$ 译码,产生 4 根片选信号线,分别与各组芯片的片选端相连。

6.3　只读存储器

6.3.1　掩膜式只读存储器(MROM)

　　MROM 的内容是由生产厂家按用户要求在芯片的生产过程中写入的,写入后不能修

106

改,又称固定 ROM。MROM 采用二次光刻掩膜工艺制成,首先要制作一个掩膜板,然后通过掩膜板曝光,在硅片上刻出图形。制作掩膜板工艺较复杂,生产周期长,因此,生产第一片 MROM 的费用很大,而复制同样的 ROM 就很便宜了,所以,适合于大批量生产,不适用于科学研究。MROM 有二极管、双极型、MOS 型等几种电路形式。下面以二极管和 MOS 管 MROM 为例介绍掩膜式只读存储器。

1. 二极管 MROM

图 6 – 13(a)是 4 × 4 的二极管 MROM 的结构图,它由 2 – 4 地址译码器、4 × 4 的二极管存储矩阵和输出电路三部分组成。地址译码器采用单译码方式,其输出为 4 条字选择线 $W_0 \sim W_3$,当输入一组地址,相应的一条字线输出高电平。存储矩阵由二极管或门组成,有 16 个存储单元,输出为 $D_3 \sim D_0$,称为位线,在 $D_3 \sim D_0$ 位线上输出的每组 4 位二进制代码称为一个字。每个十字交叉点代表一个存储单元,交叉处有二极管的单元,表示存储数据为"1",无二极管的单元表示存储数据为"0"。输出电路由 4 个驱动器组成,四条位线经驱动器由 $D_3 \sim D_0$ 输出。

ROM 的读数过程是根据地址码读出指定单元中的数据。例如,当输入地址码 $A_1A_0 = 01$ 时,字线 $W_1 = 1$,其余字选择线为 0,W_1 字线上的高电平通过接有二极管的位线使 D_1、D_2 为 1,其他位线与 W_1 字线相交处没有二极管,为低电平,是 0。所以,输出 $D_3D_2D_1D_0 = 0110$,根据图 6 – 13(a)的二极管存储矩阵,可列出全部地址所对应存储单元内容的真值表,见表 6 – 2。

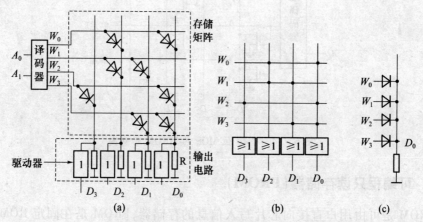

图 6 – 13　4 × 4 的二极管 MROM 的结构图
(a)二极管 ROM 结构;(b)存储矩阵简化阵列图;(c)二极管或门电路。

表 6 – 2　二极管存储器矩阵的真值表

地　址		数　据			
A_1	A_0	D_3	D_2	D_1	D_0
0	0	0	1	0	1
0	1	0	1	1	0
1	0	1	0	0	1
1	1	0	0	1	1

上述这种 ROM 的存储矩阵可采用如图 6-13(b)所示的简化阵列图表示。字线和位线交叉处有二极管的画实心点,表示存储数据"1",无二极管的交叉点不画点,表示存储数据"0"。交叉点的数目对应能够存储的单元数,表示每个存储器的存储容量,记为字线 × 位线 = 容量,如 8KB × 8 = 64KB。图 6-13(b)中字线和位线均为 4,故其容量为 4KB × 4 = 16KB。显然,ROM 并不能记忆前一时刻的输入信息,因此,只是用门电路来实现组合逻辑关系。实际上,图 6-13(a)的存储矩阵和电阻 R 组成了 4 个二极管或门,以 D_0 为例,二极管或门电路如图 6-13(c)所示,$D_0 = W_0 + W_2 + W_3$。

2. MOS 管 MROM

图 6-14 是一个简单的 4×4 位 MOS 的 MROM 示意图,采用单译码结构,两位地址线 A_1、A_0 译码后可有 4 种状态,输出 4 条选择线,分别选中 4 个单元,每个单元有 4 位输出。在此矩阵中,行和列的交点处有的连有管子,表示存储"0"信息;有的没有管子,表示存储"1"信息。若地址线 $A_1 A_0 = 00$,则选中 0 号单元,即字线 0 为高电平,若有管子与其相连(如位线 2 和 0),其相应的 MOS 管导通,位线输出为 0,而位线 1 和 3 没有管子与字线相连,则输出为 1。因此,单元 0 输出为 1010。

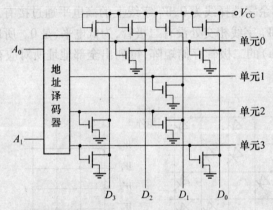

图 6-14 4×4 位 MOS 的 MROM 示意图

6.3.2 可编程只读存储器(PROM)

PROM 是可由用户直接向芯片写入信息的存储器,PROM 是在固定 ROM 的基础上发展而来的。但 PROM 的缺点是只能写入一次数据,且一经写入后就不能再更改了。

PROM 封装出厂前,存储单元中的内容全为"1",用户可根据需要进行一次性编程处理,将某些单元的内容改为"0"。图 6-15 所示是 PROM 的一种存储单元,它由三极管和低熔点的快速熔丝组成,所有字线和位线的交叉点都接有一个这样的熔丝开关电路。存储矩阵中的所有存储单元都具有这种结构。出厂时,所有存储单元的熔丝都是连通的,相当于所有的存储内容全为"1"。编程时若想使某单元的存储内容为"0",只需选中该单元后,再在 V_{CC} 端加上电脉冲,使熔丝通过

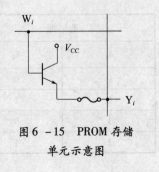

图 6-15 PROM 存储单元示意图

足够大的电流,把熔丝烧断即可。但是,熔丝一旦烧断后将不可恢复,也就是一旦写成"0"后就无法再重写成"1"了,即这种可编程存储器只能进行一次编程。

6.3.3 可擦除、可再编程只读存储器(PROM)

PROM 虽然可供用户进行一次编程,但仍有局限性。为了便于研究工作,实验各种 ROM 程序方案,PROM 在实际中得到了广泛应用。这种存储器利用编程器写入信息,此后便可作为只读存储器来使用。

目前,根据擦除芯片内已有信息的方法不同,PROM 可分为两种类型:紫外线擦除 PROM(EPROM)和电擦除 PROM(EEPROM 或 E^2PROM)。

1. EPROM 和 E^2PROM 简介

初期的 EPROM 元件用的是浮栅雪崩注入 MOS,记为 FAMOS。它的集成度低,用户使用不方便,速度慢,因此,很快被性能和结构更好的叠栅注入 MOS 即 SIMOS 取代。

EPROM 封装方法与一般集成电路不同,需要有一个能通过紫外线的石英窗口。擦除时,将芯片放入擦除器的小盒中,用紫外灯照射 10min ~ 30min,若读出各单元内容均为 FFH,说明原信息已被全部擦除,恢复到出厂状态。写好信息的 EPROM 为了防止因光线长期照射而引起信息的破坏,常用遮光胶纸贴于石英窗口上。

EPROM 的擦除是对整个芯片进行的,不能只擦除个别单元或个别位,擦除时间较长,且擦写均需离线操作,使用起来不方便,因此,能够在线擦写的 E^2PROM 芯片近年来得到广泛应用。

E^2PROM 是一种采用金属—氮—氧化硅(MNOS)工艺生产的可擦除可再编程的只读存储器。擦除时只需加高压对指定单元产生电流,形成"电子隧道",将该单元信息擦除,其他未通电流的单元内容保持不变。E^2PROM 具有对单个存储单元和对整个芯片进行在线擦除与编程的能力,而且芯片封装简单,对硬件线路没有特殊要求,在擦除信息和编写时无需专用设备,操作简便,且擦除速度较快,信息存储时间长,因此,E^2PROM 给需要经常修改程序和参数的应用领域带来了极大的方便。

2. Intel 2716 EPROM 芯片介绍

EPROM 芯片有多种型号,常用的有 2716EPROM 为 $2K \times 8$ 位、2732EPROM 为 $4K \times 8$ 位、2764EPROM 为 $8K \times 8$ 位、27128EPROM 为 $16K \times 8$ 位、27256EPROM 为 $32K \times 8$ 位等。其型号的后几位数表示存储容量,单位为 K。

1) 2716EPROM 的内部结构和外部引脚

2716EPROM 芯片采用 NMOS 工艺制造,双列直插式 24 引脚封装。其引脚排列图、逻辑符号及内部结构图分别如图 6 – 16 和图 6 – 17 所示。

$A_0 \sim A_{10}$:11 条地址输入线,其中 $A_3 \sim A_{10}$ 共 8 条用于行译码,$A_0 \sim A_2$ 共 3 条用于列译码。

$O_0 \sim O_7$:8 位数据线,编程写入时是输入线,正常读出时是输出线。

2) 2716EPROM 的工作方式

根据 PD/PGM、$\overline{CS}$ 和 V_{PP} 不同状态,2716EPROM 有以下 6 种工作方式,见表 6 – 3。

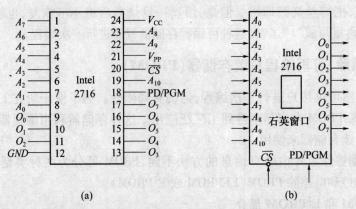

图 6-16 Intel2716EPROM 的引脚排列图和逻辑符号

(a) 引脚排列图；(b) 逻辑符号。

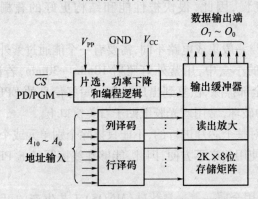

图 6-17 Intel 2716EPROM 的内部结构图

表 6-3 2716EPROM 的工作方式

方式 \ 引脚	PD/PGM	$\overline{GS}$	V_{PP}/V	数据总线状态
读出	0	0	+5	输出
未选中	×	1	+5	高阻
待机	1	×	+5	高阻
编程输入	宽 52ms 的正脉冲	1	+25	输入
校验编程内容	0	0	+25	输出
禁止编程	0	1	+25	高阻

6.3.4 ROM 的应用

ROM 的应用十分广泛,其中一个重要的运用是实现组合逻辑函数。

用 ROM 实现组合逻辑函数可按以下步骤进行:

(1) 列出函数的真值表。

(2) 选择合适的 ROM,对照真值表画出逻辑函数的阵列图。

用 ROM 来实现组合逻辑函数的本质就是将待实现函数的真值表存入 ROM 中,即将

110

输入变量的值对应存入 ROM 的地址译码器(与阵列)中,将输出函数的值对应存入 ROM 的存储单元(或阵列)中。电路工作时,根据输入信号(ROM 的地址信号)从 ROM 中将所存函数值再读出来,这种方法称为查表法。

例 6-1 试用 ROM 实现下列一组逻辑函数,画出 ROM 的阵列图,并列表说明 ROM 存储的内容。

$$Y_1 = \overline{A}BC + A\overline{B}C + AB\overline{C} + ABC$$
$$Y_2 = \overline{A}\,\overline{B} + \overline{A}B + AB$$
$$Y_3 = \overline{A}\overline{B}C + A\overline{B}\,\overline{C} + AB\overline{C}$$
$$Y_4 = A\overline{B} + \overline{A}BC + AB\overline{C} + ABC$$

解:(1)列出函数的真值表。按 A、B、C 排列变量,列出上列 4 个函数的真值表,见表 6-4。

表 6-4 例 6-1 真值表

A	B	C	被选中的字线	Y_1	Y_2	Y_3	Y_4
0	0	0	$W_0 = 1$	0	1	0	0
0	0	1	$W_1 = 1$	0	1	1	0
0	1	0	$W_2 = 1$	0	1	0	0
0	1	1	$W_3 = 1$	1	1	0	1
1	0	0	$W_4 = 1$	0	0	1	1
1	0	1	$W_5 = 1$	1	0	0	1
1	1	0	$W_6 = 1$	1	1	1	1
1	1	1	$W_7 = 1$	1	1	0	1

(2) 选择合适的 ROM,对照真值表画出逻辑函数的阵列图。用 ROM 来实现这 4 个逻辑函数时,只要将 3 个变量 A、B、C 作为 ROM 的输入地址代码,而将 4 个逻辑函数 Y_1、Y_2、Y_3、Y_4 作为 ROM 中存储单元存放的数据即可。显然,该 ROM 需要 8 条字线 $W_0 \sim W_7$ 和 4 条位线 $Y_1 \sim Y_4$,其存储容量为 8×4 位。在位线 Y_1 与字线 W_3、W_5、W_6、W_7 交叉点打上黑点(存 1)。同样,在位线 Y_2 与字线 W_0、W_1、W_2、W_3、W_6、W_7 交叉点也打上黑点,在位线 Y_3 与字线 W_1、W_4、W_6 交叉点也打上黑点,在位线 Y_4 与字线 W_3、W_4、W_5、W_6、W_7 交叉点也打上黑点,即得到由 ROM 来实现这 4 个逻辑函数的阵列图,如图 6-18 所示。

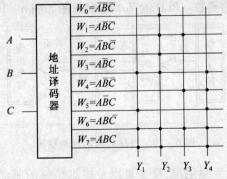

图 6-18 例 6-1 阵列图

6.4 可编程逻辑器件

6.4.1 概述

数字集成电路从逻辑功能的特点上可分为通用型和专用型两大类。前面章节介绍的集成电路均为通用型数字集成电路,它们具有很强的通用性,但逻辑功能普遍比较简单且固定不变。理论上可以用它们组成比较复杂的数字系统,但是需要大量的芯片及连线,而且功耗大、体积大、可靠性差。可编程逻辑器件(Programmable Logic Device,PLD)能解决这些矛盾。PLD 是 20 世纪 80 年代发展起来的一种标准化、通用的可编程的数字逻辑电路,集门电路、触发器、多路选择开关、三态门等器件于一身。PLD 可以根据逻辑要求由用户设定输入与输出之间的关系,也就是说,PLD 是一种可以由用户配置某种逻辑功能的器件。

PLD 开发系统由硬件和软件两部分组成。作为一种理想的设计工具,PLD 具有通用标准器件和半定制电路的许多优点,给数字系统设计者带来很多方便,其主要优点:① 设计周期短,风险小;② 高性能,高可靠性;③ 成本低廉,维修方便。

PLD 采用的可编程元件有 4 类:

(1)一次性编程的熔丝或反熔丝元件。

(2)紫外线擦除、电可编程的 EPROM(UVE PROM)即 VUCMOS 工艺结构。

(3)电擦除、电可编程存储单元,一类是 E^2CMOS 工艺结构,另一类是快闪存储单元。

(4)SRAM 的编程元件。这些元件中,电擦除、电可编程的 E^2PROM 和快闪存储单元的 PLD 以及 DRAM 的 PLD 目前使用最广泛。

6.4.2 PLD 的结构

目前,常用的 PLD 都是从与或阵列和门阵列两类基本结构上发展起来的,从结构上可分为两大类器件:PLD 器件和 FPGA 器件。PLD 通过修改内部电路的逻辑功能来编程,FPGA 通过改变内部连线来编程。

1. PLD 的基本结构

一般 PLD 器件是由与阵列和或阵列、输入缓冲电路和输出电路组成的。PLD 的每个输出都是输入"乘积和"的函数。PLD 的基本结构框图如图 6 - 19 所示。

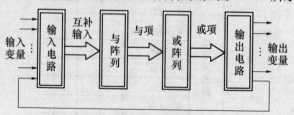

图 6 - 19 PLD 的基本结构框图

输入电路可产生输入变量的原、反变量以及提供足够的驱动能力。输出电路视器件的不同而异,一般有固定输出和可组态输出两种。在分析 PLD 结构之前,先将描述 PLD

112

基本结构的有关逻辑约定说明如下,见表6−5。

表6−5　PLD基本结构的逻辑约定

PLD 的输入缓冲器	与门表示法
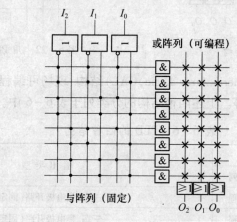 （传统表示法 / PLD表示法）	传统表示法　PLD表示法
或门表示法	PLD 的 3 种连接方式
传统表示法　PLD表示法	固定连接　可编程连接　断开连接

2. PROM 结构

PROM 是由固定的"与"阵列和可编程的"或"阵列组成的,如图6−20所示。

图6−20　PROM 结构

与阵列为全译码方式,输出为 n 个输入变量可能组合的全部最小项,即 2^n 个最小项;或阵列是可编程的,由用户编程。PROM 的输出表达式是最小项之和的标准与或式。

3. 可编程逻辑阵列(Programmable Logic Array,PLA)结构

在 ROM 中,与阵列是全译码方式,对于大多数逻辑函数而言,并不需要使用输入变量的全部乘积项,当函数包含较多的约束项时,许多乘积项是不可能出现的。这样,由于不能充分利用 ROM 的与阵列因而会造成硬件的浪费。

PLA 是处理逻辑函数的一种更有效的方法,其结构与 ROM 类似,但它的与阵列是可编程的,且是部分译码方式,只产生函数所需要的乘积项。或阵列也是可编程的,它选择所需要的乘积项来完成或功能。在输出端产生简化函数的与或表达式,工作速度快,节省硬件。图6−21为 PLA 结构。

例6−2　用 PLA 实现函数

$$Y_1 = \overline{A}\overline{B}C + \overline{A}B\overline{C} + A\overline{B}\overline{C} + ABC$$

$$Y_2 = A\bar{B} + A\bar{C} + BC$$

解:在 Y_1 及 Y_2 表达式中共有 7 个乘积项,它们是

$$P_0 = \bar{A}BC, P_1 = \bar{A}B\bar{C}, P_2 = A\bar{B}\bar{C}, P_3 = ABC, P_4 = A\bar{B}, P_5 = A\bar{C}, P_6 = BC$$

上式可改写成

$$Y_1 = P_0 + P_1 + P_2 + P_3, \quad Y_2 = P_4 + P_5 + P_6$$

由此可画出由 PLA 实现全加器的阵列结构图,如图 6-22 所示。

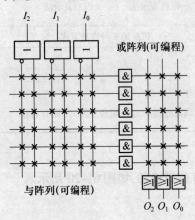

图 6-21 PLA 结构

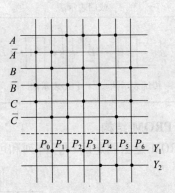

图 6-22 用 PLA 实现函数

还有通用阵列逻辑(Generic Array Logic,GAL)结构、现场可编程门阵列 FPGA 结构、可编程阵列逻辑 PAL 结构等。上述四种结构的分类列于表 6-6 中。

表 6-6 PLD 的四种结构

分类	阵列		输出类型
	与阵列	或阵列	
PROM	固 定	可编程	三态、集电极开路(固定)
PLA	可编程	可编程	三态、集电极开路(固定)
PAL	可编程	固 定	异步 I/O 异或、寄存器、算术选通反馈(固定)
GAL	可编程	固 定	由用户定义(可组态)

从表 6-6 可看出,PROM、PAL 和 GAL 3 种器件只有一种阵列(与阵列或者是或阵列)是可编程的,通常称为半场可编程器件,与阵列和或阵列均可编程的器件称作全场可编程器件,上述 4 种结构中只有 PLA 属于全场可编程器件。

本 章 小 结

存储器是现代数字系统中重要的组成部分,它是由许多存储单元组成的,每个存储单元可以存储一位二值逻辑(二进制数 0 或 1)。主要分为 RAM 和 ROM 两大类。这两类的存储单元结构不同。ROM 属于大规模组合逻辑电路,而 RAM 属于大规模时序逻辑电路。

RAM 它主要由存储矩阵、地址译码器和读/写控制电路组成。可以随时、快速地读或

写数据,但其存储的信息随电源断电而消失,是一种易失性的读写存储器,因此多用于需要频繁更换数据的场合。其存储单元主要有静态和动态两大类,SRAM 的信息可以长久保持,而 DRAM 必须定期刷新。

ROM 是一种非易失性的存储器,它存储的是固定信息,只能被读出,不能随意更改。ROM 工作可靠,断电后数据不会丢失。常见的有固定 ROM、PROM、EPROM、E^2PROM 等,而 EPROM、EEPROM 更为常见,但 PROM 要用专用编程器进行编程。

单片 RAM 芯片的容量比较小,往往不能满足需要,实际使用时,一般都需要进行扩展。RAM 的扩展有位扩展、字扩展和位、字同时扩展 3 种。通过扩展可以得到大容量的存储器,以满足实际需要。

PLD 是 20 世纪 80 年代发展起来的一种标准化、通用的可编程的数字逻辑电路,集门电路、触发器、多路选择开关、三态门等器件于一身。PLD 可以根据逻辑要求由用户设定输入与输出之间的关系,也就是说,PLD 是一种可以由用户配置某种逻辑功能的器件。PLD 的出现,使数字系统的设计过程和电路结构都大大简化,同时也使电路的可靠性得到了明显的提高。

思考与练习题

6 - 1 半导体存储器如何分类? 有哪些主要技术指标?

6 - 2 RAM(SRAM、DRAM)、ROM(ROM、PROM、EPROM、E^2PROM)各有什么特点?

6 - 3 RAM 主要由哪 3 部分组成? 它们的功能是什么?

6 - 4 RAM 的 MOS 静态存储器单元与 MOS 动态存储器单元各有什么特点?

6 - 5 如何进行 RAM 存储容量的扩展?

6 - 6 若存储芯片的容量为 128K × 8 位,问:

(1) 访问该芯片需要多少位地址?

(2) 假定该芯片在存储器中首地址为 A0000H,则末位地址应为多少?

6 - 7 将一个包含有 32768 个基本存储单元的存储电路设计成 4096B 的 RAM,问:

(1) 该 RAM 有多少根数据线?

(2) 该 RAM 有多少根地址线?

6 - 8 试用 8 × 4 位 RAM 扩展为① 32 × 4 位 RAM;② 16 × 8 位 RAM。

6 - 9 如何用 ROM 来实现组合逻辑电路?

6 - 10 某计算机的内存储器有 32 条地址线和 16 条数据线,该存储器的存储容量是多少?

6 - 11 指出下列容量的半导体存储器的字数、具有的数据线数和地址线数。

(1) 512 × 8 位;(2) 1KB × 4 位;(3) 64KB × 1 位;(4) 256KB × 4 位。

6 - 12 用 ROM 是否可以实现任何组合逻辑函数? 为什么? 如果某组合逻辑系统有 6 个输入变量、6 个输出变量,用 ROM 来实现该系统,需要的存储器容量为多少?

6 - 13 已知多输出组合逻辑电路的输出函数表达式为

$$F_1(A,B,C,D) = \sum m(2,5,6,7,8,10,12,13,14,15)$$

$$F_2(A,B,C,D) = \sum m(5,8,9,10,12,13,14,15)$$

$$F_3(A,B,C,D) = \sum m(2,6,7,9,11,13,15)$$

若用 ROM 实现该多输出组合逻辑电路，ROM 的容量应为多少？画出阵列图。

6-14 PLD 有何优点？

6-15 PROM 的结构特点与 PLA 有何不同？

6-16 利用 PLA 实现：

(1) 8421BCD 码转换余 3 码。

(2) BCD 格雷码转换余 3 码。

第7章 数字电路的应用

【学习目标】

1. 掌握 555 定时器的电路结构和工作原理。

2. 掌握由 555 定时器组成的施密特触发器、单稳态触发器和多谐振荡器的工作原理。

3. 了解施密特触发器、单稳态触发器和多谐振荡器的应用。

4. 掌握 D/A 和 A/D 转换器的内部结构、转换过程及工作原理。

5. 熟悉 D/A 和 A/D 转换器的主要技术指标。

微处理器和微型计算机在各种检测、控制和信号处理系统中的广泛应用,促进了信号产生整形以及信号转换等技术的发展。本章将从整形与信号发生电路、信号的数/模(D/A)和模/数(A/D)之间的转换这两大方面重点介绍一下数字电路在实际生活中的应用。

7.1 整形与信号发生电路

在控制工程等工程领域里我们经常需要用到矩形脉冲信号,一般情况下我们通过两种方式来获得矩形脉冲:一种不用信号源,通过电源的自激振荡作用来直接产生波形,如多谐振荡器;另一种通过输入信号源进行整形来获取矩形脉冲,如单稳态触发器和施密特触发器。

本节将以集成 555 定时器的电路结构和工作原理为基础,分别介绍单稳态触发器、施密特触发器及多谐振荡器的电路结构、工作原理及应用。

7.1.1 集成 555 定时器

555 定时器是 1972 年美国 Signetics 公司研制的用于取代机械式定时器的中规模集成电路,因输入端设计有三个 $5k\Omega$ 的电阻而得名。一般用双极性工艺制作的称为 555,用 CMOS 工艺制作的称为 7555。集成 555 定时器的电源电压范围宽,可在 $4.5V \sim 16V$ 工作,CMOS 可在 $3V \sim 18V$ 工作,输出驱动电流约为 200mA,因而其输出可与 TTL、CMOS 或者模拟电路电平兼容。

1. 集成 555 定时器的电路结构

集成 555 定时器的内部电路包括四个部分:3 个分压电阻、两个电压比较器、一个基本 RS 触发器、输出缓冲器(非门)和放电三极管。其电路结构如图 7-1 所示。

分压电阻的阻值都为 $5k\Omega$,产生 $\frac{1}{3}V_{CC}$ 和 $\frac{2}{3}V_{CC}$ 两个基准电压,C_1 和 C_2 的输出控制 RS

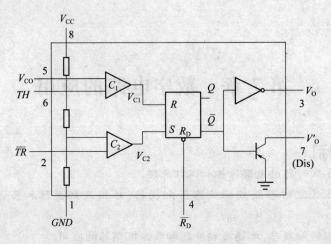

图 7-1 555 定时器的电路结构

触发器的状态和放电三极管的开关状态。$\overline{R_D}$ 是复位端,低电平有效,复位后,基本 RS 触发器的 $\overline{Q}$ 端为高电平,经输出缓冲器反相后,输出为低电平。

集成 555 定时器是一双列直插 8 引脚器件,其各引脚的名称如图 7-2 所示。

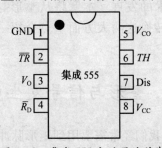

图 7-2 集成 555 定时器的引脚

1 脚—GND,接地脚;2 脚—$\overline{TR}$,低电平触发端;3 脚—V_O,电路的输出端;4 脚—$\overline{R_D}$,复位端,低电平有效;

5 脚—V_{CO},电压控制端;6 脚—TH,阈值输入端;7 脚—Dis,放电端;8 脚—V_{CC},电源电压端。

2. 工作原理

表 7-1 全面清晰地反映了集成 555 定时器的功能,表中"×"表示任意。

表 7-1 集成 555 定时器的功能表

输 入			输 出	
$\overline{R_D}$	TH	$\overline{TR}$	V_O	Dis
0	×	×	0	导通
1	$<\frac{2}{3}V_{CC}$	$<\frac{1}{3}V_{CC}$	1	截止
1	$>\frac{2}{3}V_{CC}$	$>\frac{1}{3}V_{CC}$	0	导通
1	$<\frac{2}{3}V_{CC}$	$>\frac{1}{3}V_{CC}$	不变	不变
1	$>\frac{2}{3}V_{CC}$	$<\frac{1}{3}V_{CC}$	1	截止

〔注意〕通常情况下不使用 V_{CO}，但是不能使其悬空，为了提高电路的可靠性，在使用时将其通过 $0.01\mu\text{F}$ 电容接地。

集成 555 定时器的工作状态分为 3 个：低电平触发、保持、高电平触发。为了学习方便，规定如下：

当 TH 端的电压 $> \dfrac{2}{3}V_{CC}$ 时，写为 $V_{TH} = 1$，当 TH 端的电压 $< \dfrac{2}{3}V_{CC}$ 时，写为 $V_{TH} = 0$。

当 $\overline{TR}$ 端的电压 $> \dfrac{1}{3}V_{CC}$ 时，写为 $V_{\overline{TR}} = 1$，当 $\overline{TR}$ 端的电压 $< \dfrac{1}{3}V_{CC}$ 时，写为 $V_{\overline{TR}} = 0$。

（1）低电平触发。当输入电压 $V_{\overline{TR}} < \dfrac{1}{3}V_{CC}$ 且 $V_{TH} < \dfrac{2}{3}V_{CC}$ 时，即 $V_{\overline{TR}} = 0$，$V_{TH} = 0$，比较器 C_2 输出为低电平，C_1 输出为高电平，基本 RS 触发器的输入端 $\overline{S} = 0$、$\overline{R} = 1$，使 $Q = 1$，$\overline{Q} = 0$，经输出缓冲器反相后，$V_0 = 1$，Dis 截止，这称集成 555 定时器的"低电平触发"，$\overline{TR}$ 称为低触发端。

（2）保持。若 $V_{\overline{TR}} > \dfrac{1}{3}V_{CC}$ 且 $V_{TH} < \dfrac{2}{3}V_{CC}$，则 $V_{\overline{TR}} = 1$，$V_{TH} = 0$，$\overline{S} = \overline{R} = 1$，基本 RS 触发器保持原来的状态，$V_0$ 和 Dis 状态不变，这称集成 555 定时器的"保持"。

（3）高电平触发。若 $V_{TH} > \dfrac{2}{3}V_{CC}$，则 $V_{TH} = 1$，比较器 C_1 输出为低电平，无论 C_2 输出何种电平，基本 RS 触发器因 $\overline{R} = 0$，使 $\overline{Q} = 1$，经输出缓冲器反相后，$V_0 = 0$，Dis 导通。这称集成 555 定时器的"高电平触发"，TH 称为高触发端。

在使用集成 555 定时器时，我们应注意以下几点：

（1）$\overline{R}_D$ 复位端，在定时器工作时应接高电平；

（2）V_{TH} 和 $V_{\overline{TR}}$ 同为低电平时，V_0 为 1，V_{TH} 和 $V_{\overline{TR}}$ 同为高电平时，V_0 为 0；

（3）V_{TH} 高电平有效，$V_{\overline{TR}}$ 低电平有效，当 $V_{TH} = 0$、$V_{\overline{TR}} = 1$ 时，即"高为低，低为高"时，电路保持原状态不变；

（4）V_0 为高电平，则 Dis 导通，V_0 为低电平，则 Dis 截止；

（5）当电压控制端 V_{CO} 不使用时，V_{TH} 与基准电压 $\dfrac{2}{3}V_{CC}$ 比较，$V_{\overline{TR}}$ 与基准电压 $\dfrac{1}{3}V_{CC}$ 比较；当电压控制端 V_{CO} 使用时，此时 V_{TH} 与 V_{CO} 比较，$V_{\overline{TR}}$ 与 $\dfrac{1}{2}V_{CO}$ 比较。

3. 集成 555 定时器的应用

集成 555 定时器是一种模拟和数字相结合的中规模集成电路，体积很小，成本低，性能可靠，使用起来方便，只要在外部配上几个适当的电阻电容，就可以构成单稳态触发器、施密特触发器及多谐振荡器等脉冲信号产生与变换电路。它在波形的产生与变换、测量与控制、定时电路、家用电器、电子玩具、电子乐器等方面有广泛的应用。

7.1.2 单稳态触发器

1. 电路结构

将集成 555 定时器芯片的 6 脚（TH）和 7 脚（Dis）连接在一起，并接上适当的电阻 R 和电容 C 就构成了单稳态触发器，如图 7-3 所示。

图中的 R、C 为定时元件，单稳态触发器的脉冲宽度由 R、C 确定，即 $T_{PO} \approx 1.1RC$，R 的单位为 Ω，C 的单位为 F，T_{PO} 的单位为 S。

2. 工作原理

在外加脉冲的作用下，单稳态触发器由稳态翻转到一个暂稳态，经过一段时间能够自动地恢复原来的稳态。该电路的触发信号是负脉冲，因此不加触发信号时，V_1 为高电平。图 7－4 所示为其工作波形图。

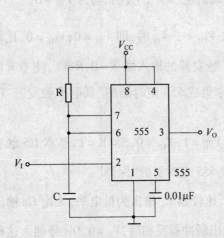

图 7－3　单稳态触发器的电路结构

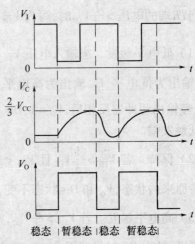

图 7－4　单稳态触发器的工作波形

（1）稳态。接通电源后，V_{CC} 经 R 向 C 充电，使 V_C 上升，因为 $V_{TH} = V_C$，所以，当 $V_C \geqslant \frac{2}{3}V_{CC}$ 时，即 $V_{TH} = V_C \geqslant \frac{2}{3}V_{CC}$ 时，为高电平触发，则 $V_0 = 0$，Dis 导通、放电，使 $V_{TH} = V_C = 0$，此状态为稳定状态。

（2）暂稳态。当输入触发脉冲下降沿到来时，低电平触发端 V_{TR} 有效，则 $V_0 = 1$，进入暂稳态，Dis 截止，V_{CC} 经 R 向 C 充电，使 V_C 以指数规律上升。

〔注意〕在暂稳态 C 充电过程中，输入脉冲必须由负脉冲跳变为正脉冲，为了保证这一点，必须使输入脉冲的脉冲宽度小于输出脉冲的脉冲宽度。

（3）自动返回原稳态。当 $V_C \geqslant \frac{2}{3}V_{CC}$ 时，即 $V_{TH} = V_C \geqslant \frac{2}{3}V_{CC}$ 时，为高电平触发，$V_0 = 0$，Dis 导通、放电，使 $V_{TH} = V_C = 0$，放电完毕后，电路恢复到原稳定状态，待下一个输入负脉冲到来时，再发生翻转。

3. 单稳态触发器的应用

单稳态触发器的工作特性使其可以用于实现脉冲的整形和脉冲的定时、延时功能。

1）脉冲整形

当电路确定下来后，无论输入脉冲是否规则，经过单稳态触发器都能产生一个固定脉宽的矩形波输出。如图 7－5 所示，不规则脉冲经过整形后得到了宽度固定的规整脉冲波。

2）脉冲定时

因为单稳态触发器能产生一个有固定脉宽的矩形脉冲，因此可以利用这一点实现定时和延时功能。如果将单稳态触发电路的 V_0 和与门的一端连接，与门另一端与一脉冲序

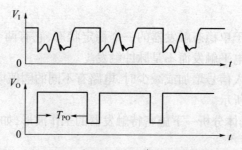

图 7 – 5　单稳态触发器的脉冲整形

列 V_M 相连。由于单稳态触发器能产生一定宽度 T_{PO} 的矩型输出脉冲,如利用这个矩形脉冲作为定时信号,可使 V_M 在 T_{PO} 时间内通过或不通过,如图 7 – 6 所示。

3）单稳态触发器的延时

在图 7 – 7 中不难看出,图中输出端 V_O 的上升沿相对输入信号 V_I 的上升沿延迟了 T_{PI},单稳态的延时作用常被应用于时序控制。

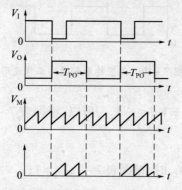

图 7 – 6　单稳态触发器的脉冲定时

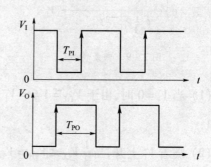

图 7 – 7　单稳态触发器的脉冲延时

7.1.3　施密特触发器

1. 电路结构

将集成 555 定时器芯片的 2 脚(触发输入端 $\overline{TR}$)和 6 脚(阈值输入端 TH)连接在一起,就构成了单稳态触发器,R 为上拉电阻,如图 7 – 8 所示。

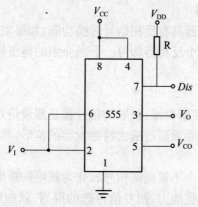

图 7 – 8　施密特触发器的电路结构

2. 工作原理

施密特触发器不同于单稳态触发器的一个稳定状态,它有两个稳定状态;另外,施密特触发器的触发方式是电平触发而不是脉冲触发。

施密特触发器的输入信号增加或减少时,电路有不同的阈值电压,其电压传输特性也称回差特性,如图 7-9 所示。

根据回差特性,来具体分析一下施密特触发器的工作波形,如图 7-10 所示。

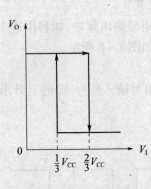

图 7-9　回差特性

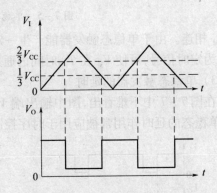

图 7-10　施密特触发器的工作波形

(1) 当 $V_I = 0$ 时,由于 $V_{TH} = V_{\overline{TR}} = V_I = 0$,即 $V_{TH} = V_{\overline{TR}} \leqslant \frac{1}{3} V_{CC}$,所以,根据表 7-1,有 $V_0 = 1$;

(2) 随着 V_I 上升,当 $\frac{1}{3} V_{CC} \leqslant V_{TH} = V_{\overline{TR}} = V_I \leqslant \frac{2}{3} V_{CC}$ 时,根据表 7-1,$V_0 = 1$;

(3) V_I 继续上升,当 $V_{TH} = V_{\overline{TR}} = V_I \geqslant \frac{2}{3} V_{CC}$ 时,根据表 7-1,$V_0 = 0$;

(4) 当 V_I 开始下降时,只要 $V_{TH} = V_{\overline{TR}} = V_I \geqslant \frac{1}{3} V_{CC}$,根据表 7-1,$V_0 = 0$。

值得注意的是,上述结论并未考虑 V_{CO} 的影响,如果电路中加入 V_{CO},则阈值电压变为 $\frac{1}{2} V_{CO}$ 和 V_{CO}。

3. 施密特触发器的应用

前面介绍的施密特触发器具有反相信号转换功能,如果实际中需要同相信号转换,则只需在施密特触发器上加一个反相器即可。下面介绍的施密特触发器的应用都是同相信号的转换。

1) 波形的变化

实际应用中,尤其时在控制领域,获取的信号都是测量信号,这些信号经过放大后,都是一些无规则的信号,因此,必须通过施密特触发器的整形,其整形过程如图 7-11 所示。

2) 波形的整形

施密特触发器可以将一个不规则的信号转化为规则的矩形脉冲,适当加大回差电压,可以提高整形过程中的抗干扰能力,回差信号选的得当,就能够消除噪声和干扰,但要注意的是,如果回差电压过大,会淹没信号,如图 7-12 所示。

122

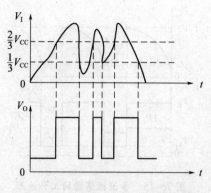

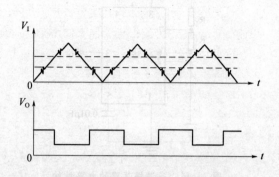

图 7-11　施密特触发器波形的变化　　　　图 7-12　施密特触发器波形的整形

3）幅度鉴别

施密特触发器的触发方式为电平触发,触发器输出状态取决于输入信号的状态,所以可以用它来作为幅度鉴别电路,如图 7-13 所示。

当输入信号高于 $V+$ 时,触发器发生翻转,同理,当信号低于 $V-$ 时,触发器部翻转。因此,回差电压越小,鉴别度越好。

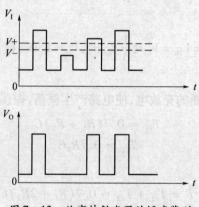

图 7-13　施密特触发器的幅度鉴别

7.1.4　多谐振荡器

1. 电路结构

由集成 555 定时器构成的多谐振荡器如图 7-14 所示,R_1、R_2 和 C 是外接定时元件,电路中将 6 脚(高电平触发端)和 2 脚(低电平触发端)并接后接到 R_2 和 C 的连接处,将 7 脚(放电端)接到 R_1、R_2 的连接处。

2. 工作原理

多谐振荡器是能产生矩形波的一种自激振荡器电路,它没有稳态,只有两个暂稳态,在电容的作用下,电路就在两个暂稳态之间来回转换,故又称为无稳态电路。

多谐振荡器的工作波形如图 7-15 所示。

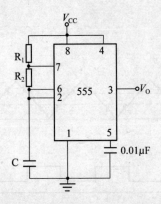

图 7-14 多谐振荡器的电路结构

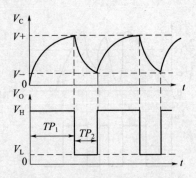

图 7-15 多谐振荡器的工作波形

由于多谐振荡器是一种自激振荡器,在接通电源之后,不需要外加触发信号,便能自动地产生脉冲信号,因此,当上电时,$V_{TH} = V_{\overline{TR}} = V_C = 0$,工作过程分析如下:

(1) 接上电源,$V_{TH} = V_{\overline{TR}} = V_C = 0$,所以,$V_{TH} = V_{\overline{TR}} \leqslant \frac{1}{3} V_{CC}$,则 $V_O = 1$,Dis 截止,V_{CC} 经 R_1、R_2 向 C 充电,使 V_C 以指数规律上升,电路进入到第一个暂态;

(2) 当 V_C 上升到 $V_{TH} = V_{\overline{TR}} = V_C \geqslant \frac{2}{3} V_{CC}$ 时,$V_O = 0$,Dis 导通,C 经 R_2 和 Dis 放电,电路进入到第二个暂态;

(3) 当 V_C 下降到 $V_{TH} = V_{\overline{TR}} = V_C \leqslant \frac{1}{3} V_{CC}$ 时,$V_O = 1$,Dis 截止,V_C 又被充电,V_C 上升,电路又恢复到第一个暂态。

电容 C 通过 R_1、R_2 不断的充放电,使电路产生振荡,振荡周期计算如下:

$$T_{P1} \approx 0.7(R_1 + R_2)C \qquad (7-1)$$

$$T_{P2} \approx 0.7R_2C \qquad (7-2)$$

振荡周期为

$$T = T_{P1} + T_{P2} \approx 0.7(R_1 + 2R_2)C \qquad (7-3)$$

则占空比为

$$q = \frac{T_{P1}}{T_{P1} + T_{P2}} = \frac{R_1 + R_2}{R_1 + 2R_2} \qquad (7-4)$$

3. 多谐振荡器的应用

多谐振荡器产生的脉冲除了基波以外还有很多丰富的高次谐波成分,因此利用多谐振荡器可以制作模拟声响发生器,如"叮咚"门铃。

如图 7-16 所示是一种能发出"叮咚"声门铃的电路原理图,核心元件是由集成 555 定时器构成的多谐振荡器。

按下按钮 SB,振荡器振荡,扬声器发出"叮"的声音,此时,电源通过二极管 VD_1 给 C_1 充电;放开按钮 SB 时,VC_1 便通过电阻 R_1 放电,由于 SB 是断开的,电阻 R_2 被接入电路中,使振荡频率有所改变,振荡频率变小,扬声器发出"咚"的声音,直到 C_1 上的电压放到不能维持集成 555 定时器振荡为止,即 4 脚变为低电平,3 脚输出为 0。

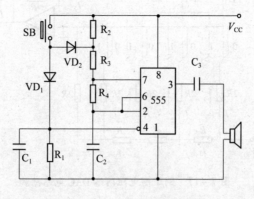

图 7 – 16 "叮咚"门铃电路图

7.2 数/模(D/A)与模/数(A/D)转换电路

数模转换器(DAC)和模数转换器(ADC)是模拟系统和数字系统的接口电路。D/A 转换即将数字量转换为模拟电量(电压或电流),使输出的模拟电量与输入的数字量成正比,实现 D/A 转换的电路称为 DAC。A/D 转换即将模拟电量转换为数字量,使输出的数字量与输入的模拟电量成正比,实现 A/D 转换的电路称为 ADC。

DAC 和 ADC 在现代电子系统中应用广泛。如工业生产过程中的湿度、压力、温度、流量,通信过程中的语言、图像、文字等物理量需要转换为数字量,才能由计算机识别和处理;而计算机处理后的数字量也必须再还原成相应的模拟量,才能实现对模拟系统的控制。

本节将从电路结构、工作原理和具体应用几个方面来介绍数模转换器和模数转换器。

7.2.1 数/模转换器(DAC)

对于计算机而言,使用 8 位的数字量来描述 0~5V 的直流电压:

最小值(00000000)B = 0 对应 0V;

最大值(11111111)B = 255 对应 5V;

中间值(01111111)B = 127 对应 2.5V 等。

DAC 的任务是接收到一个数字量后,给出一个相应的电压。例如,收到(00111111)B,应给出幅度为 1.25V 的电压。

DAC 的种类很多,主要有权电阻网络 DAC、倒 T 型电阻网络 DAC、单值电流型网络 DAC,下面主要以倒 T 型电阻网络 DAC 为主,来分别介绍数模转换器的结构、原理及应用。

1. 倒 T 型电阻网络 DAC 的电路结构

倒 T 型电阻网络 DAC 由解码网络(若干个 R、$2R$ 电阻)、模拟开关 S_i、求和放大器(A)和基准电源 V_{REF} 组成,电路结构如图 7 – 17 所示。

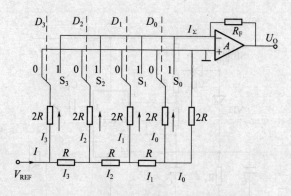

图 7 – 17　倒 T 型电阻网络 DAC 电路结构

2. 倒 T 型电阻网络 DAC 的工作原理

由于集成运算放大器的电流求和点 Σ 为虚地，所以模拟开关 S 接"1"时，相应的 2R 支路接虚地；当 S 接"0"时，相应的 2R 支路接地。因此，无论模拟开关接谁，倒 T 型网络均可等效为图 7 – 18。

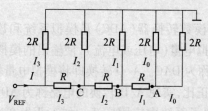

图 7 – 18　倒 T 型电阻网络 DAC 等效电路

从网络的 A、B、C 点分别向右看的对地电阻都是 R。因此，流入运算放大器的总电流为

$$I_\Sigma = \frac{I}{2}D_3 + \frac{I}{4}D_2 + \frac{I}{8}D_1 + \frac{I}{16}D_0 \qquad (7-5)$$

由于

$$I = \frac{V_{REF}}{R}, I_0 = \frac{I}{16} = \frac{I}{2^4}$$

因此

$$I_3 = \frac{I}{2} = 2^3 \frac{I}{2^4} = 2^3 I_0$$

$$I_2 = \frac{I}{4} = 2^2 \frac{I}{2^4} = 2^2 I_0$$

$$I_1 = \frac{I}{8} = 2^1 \frac{I}{2^4} = 2^1 I_0$$

$$I_0 = \frac{I}{16} = 2^0 \frac{I}{2^4} = 2^0 I_0$$

即

$$I_3 = 2^3 I_0, I_2 = 2^2 I_0, I_1 = 2^1 I_0, I_0 = 2^0 I_0$$

这样，支路电流 I_i 正好就是二进制数位 D_i 权值。

126

模拟开关 S_i 受相应的数字位 D_i 控制。当 $D_i = 1$ 时，S_i 接"1"，当 $D_i = 0$ 时，S_i 接"0"。则

$$I_\Sigma = D_3 I_3 + D_2 I_2 + D_1 I_1 + D_0 I_0 = (2^3 D_3 + 2^2 D_2 + 2^1 D_1 + 2^0 D_0) I_0 = D \cdot I_0 \quad (7-6)$$

$$U_O = -D \cdot \frac{V_{REF} \cdot R_F}{2^4 \cdot R} \quad (7-7)$$

如果取

$$R_F = R，则有 U_O = -D \cdot \frac{V_{REF}}{2^4} \quad (7-8)$$

以上是 4 位倒 T 型电阻网络 DAC，对于 n 位的 DAC，则有

$$U_O = -D \cdot \frac{V_{REF} \cdot R_F}{2^n \cdot R} \quad (7-9)$$

例 7-1 有一个 8 位的倒 T 型电阻网络 DAC，基准电压为 $-10V$，$R_F = R$，$d_7 d_6 d_5 d_4 d_3 d_2 d_1 d_0 = 01101110$ 时，求输出模拟电压 U_O。

解：根据式(7-9)得

$$U_O = -D \cdot \frac{V_{REF} \cdot R_F}{2^n \cdot R}，V_{REF} = -10V，R_F = R$$

$$U_O = -(2^7 \times 0 + 2^6 \times 1 + 2^5 \times 1 + 2^4 \times 0 + 2^3 \times 1 + 2^2 \times 1 + 2^1 \times 1 + 2^0 \times 0)$$

$$\frac{-10V \cdot R}{2^8 \times R} = (2^6 + 2^5 + 2^3 + 2^2 + 2^1) \frac{10V}{2^8} = \frac{1100V}{2^8} \approx 4.30V$$

3. 集成 DAC

AD7520 是 10 位的 D/A 转换集成芯片，与微处理器完全兼容。该芯片以接口简单、转换控制容易、通用性好、性能价格比高等特点得到广泛的应用。

该芯片只含倒 T 形电阻网络、电流开关和反馈电阻，不含运算放大器，输出端为电流输出。具体使用时需要外接集成运算放大器和基准电压源。其电路结构如图 7-19 所示。

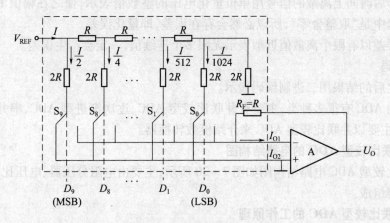

图 7-19 AD7520 的电路结构

4. DAC 的主要技术指标

1）分辨率

DAC 最小输出电压与最大输出电压的比值。n 位的 DAC 分辨率为

$$分辨率 = \frac{1}{2^n - 1} \tag{7-10}$$

分辨率也可以用满量程电压 U_{max} 来表示，即

$$U_{min} = \frac{1}{2^n - 1} U_{max} \tag{7-11}$$

2）转换精度

DAC 实际输出模拟电压与理想输出模拟电压间的最大误差。它不仅与 DAC 中元件参数的精度有关，而且与环境温度、求和运算放大器的温度漂移以及转换器的位数有关。转换精度还可以用输出满刻度电压 FSR 来表示。例如，转换精度为 0.2% FSR，表示转换精度与满刻度电压之比为 0.2%。

3）转换时间

DAC 在输入数字信号开始转换，到输出的模拟信号达到稳定值所需的时间。显然，转换时间越小，转换速度就越高。

7.2.2 模/数转换器(ADC)

ADC 是将模拟量转化为数字量。模拟信号在时间上是连续的，而数字信号在时间上是离散的，因此在进行 A/D 转换时，需要经过一定的处理。

1）采样保持

把时间上连续的信号变换为时间离散的信号，并保持一定的时间。

采样定理 $f(t)$ 为带宽有限的连续信号，其频谱的最高频率为 f_m，则以取样间隔 $T = \frac{1}{2f_m}$ 对 $f(t)$ 均匀采样所得的 $f_s(t)$ 将包含原信号 $f(t)$ 的全部信息。

2）量化

把采样后时间上离散的信号用单位量化电压的整数倍表示，使之在幅值上离散。因在量化过程中是"取整舍零"，所以必然会存在误差，即量化误差。

量化误差以有限个离散值近似表示无限多个连续值，一定会产生误差。

3）编码

把量化后的结果用二进制编码表示。

常见的 ADC 有很多种类，主要有并联比较型 ADC、逐次渐进型 ADC、串并行比较型 ADC，本节主要以并联比较型 ADC 来介绍模数转换器。

1. 并联比较型 ADC 的电路结构图

并联比较型 ADC 电路结构图如图 7-20 所示，主要由电阻分压器、电压比较器、寄存器和编码器组成。

2. 并联比较型 ADC 的工作原理

电阻分压器将参考电压分化为 $\frac{1}{15}U_R$、$\frac{3}{15}U_R$…$\frac{13}{15}U_R$ 等 7 个参考比较电平，量化误差为

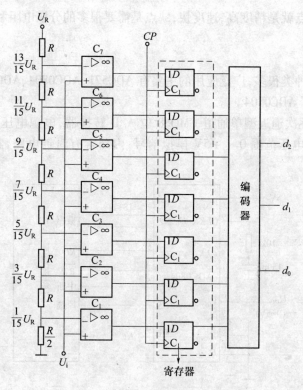

图 7-20 并联比较型 ADC 电路结构

$\Delta = \dfrac{3}{15}U_R - \dfrac{1}{15}U_R = \dfrac{2}{15}U_R$。$C_1 \sim C_7$ 为电压比较器,一端连接参考电平,另一端连接采样电压 U_i,然后将参考电平与采样电压比较后的值传送到寄存器中,经过编码器编码,最后送出三位二进制数字信号。

当模拟输入电压 $0 \leqslant U_i < \dfrac{1}{15}U_R$ 时,则电压比较器 $C_1 \sim C_7$ 的输出为 0000000,经过编码后的二进制数字量为 000;同理,当模拟输入电压 $\dfrac{7}{15}U_R \leqslant U_i < \dfrac{9}{15}U_R$ 时,电压比较器 $C_1 \sim C_7$ 的输出为 0001111,则经过编码器的二进制编码为 011。表 7-2 描述了模拟电压输入与数字信号输出的对应关系。

表 7-2　模拟电压输入与数字信号输出的对应关系

输　入	输　出	输　入	输　出
$0 \leqslant U_i < \dfrac{1}{15}U_R$	000	$\dfrac{7}{15}U_R \leqslant U_i < \dfrac{9}{15}U_R$	100
$\dfrac{1}{15}U_R \leqslant U_i < \dfrac{3}{15}U_R$	010	$\dfrac{9}{15}U_R \leqslant U_i < \dfrac{11}{15}U_R$	110
$\dfrac{3}{15}U_R \leqslant U_i < \dfrac{5}{15}U_R$	001	$\dfrac{11}{15}U_R \leqslant U_i < \dfrac{13}{15}U_R$	101
$\dfrac{5}{15}U_R \leqslant U_i < \dfrac{7}{15}U_R$	011	$\dfrac{13}{15}U_R \leqslant U_i < U_R$	111

由此可见,比较电平分化的越小,比较精度就越高,但是电路也就越复杂。并联比较

129

型 ADC 最大的优点就是精度高,速度快;缺点是需要很多的分压电阻和电压比较器,电路结构比较复杂。

3. 集成 ADC

集成 ADC 的种类很多,广泛应用的主要有 ADC571、ADC0804、ADC0809、ADC574 等,下面简单介绍一下 ADC0804。

ADC0804 是逐次逼近型单通道 CMOS8 位 A/D 转换器,电源电压 +5V,输入输出都和 TTL 兼容,输入电压范围 0 ~ +5V 模拟信号,内部含有时钟电路,其应用电路图如图 7 - 21 所示。

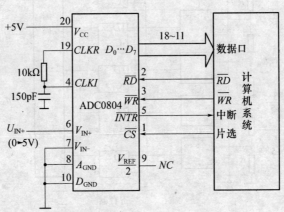

图 7 - 21   ADC0804 应用电路图

4. DAC 的主要指标

1)分辨率

ADC 输出数字量的最低位变化一个数码时,对应输入模拟量的变化量。

例如,电压为 5V 的 8 位 ADC 的分辨率为

$$\frac{5V}{2^8} = 0.0196A$$

2)转换误差

ADC 实际输出数字量与理想输出数字量之间的最大差值。通常用 LSB 的倍数来表示。

3)转换时间

ADC 完成一次转换所需要的时间,即从转换开始到输出端出现稳定的数字信号所需要的时间。转换时间越小,转换速度越高。

本 章 小 结

本章节主要介绍了数字电路的两大主要应用:信号的发生与整形以及信号之间的转换。

通过介绍集成 555 定时器的电路结构、工作原理进而引出由它构成的施密特触发器、单稳态触发器和多谐振荡器的工作原理和应用。施密特触发器和单稳态触发器是两种常

用的整形电路,可将输入的周期信号整形成符合要求的同周期矩形脉冲;多谐振荡器没有稳定状态,只有两个暂稳态。暂稳态间的相互转换完全靠电路本身电容的充电和放电自动完成。

DAC 和 ADC 在现代测控技术中应用广泛。在数模转换器中通过倒 T 型电阻网络 DAC 介绍了 D/A 转换的工作原理。对于 n 位的倒 T 型电阻网络 DAC 可以计算出它输出的模拟电压为

$$U_O = -D \cdot \frac{V_{REF} \cdot R_F}{2^n \cdot R}$$

其中

$$D = 2^n D_n + 2^{n-1} D_{n-1} + 2^{n-2} D_{n-2} + \cdots + 2^1 D_1 + 2^0 D_0$$

在 ADC 中通过并联比较型 ADC 介绍了 ADC 的转换过程及工作原理。并联比较型 ADC 是目前最快的一种 ADC,但是由于其分压电阻和电压比较器数目多使其电路结构相对复杂。

思考与练习题

7-1 如图 7-9 所示,在由集成 555 定时器构成的施密特触发器中,若电源电压为 15V,V_{CO} 通过 $0.01\mu F$ 电容接地,求其正向阈值电压和负向阈值电压以及回压差各是多少? 若 $V_{CO} = 9V$,则其正、负向阈值电压及回差电压各为多少?

7-2 如图 7-13 所示,由集成 555 定时器构成的多谐振荡器,其中 $R_1 = 1k\Omega$,$R_2 = 8.2k\Omega$,$C = 0.4\mu F$,试求振荡周期 T 和占空比 q。

7-3 有一个 10 位的倒 T 型电阻网络 DAC,基准电压为 5V,$R_F = 2R$,当 $d_7 d_6 d_5 d_4 d_3 d_2 d_1 d_0$ 分别为 00101110、11110110、00101110 时,求输出模拟电压 U_O。

7-4 AD7533 是一个 10 位的 DAC 芯片,其分辨率是多少?

7-5 简述 ADC 转换步骤。

附录 模拟测试题

模拟测试题（一）

一、选择题（18 分）

1. 以下式子中不正确的是( )。

   A. $1 + A = A$

   B. $A + A = A$

   C. $\overline{A + B} = \overline{A} + \overline{B}$

   D. $1 + A = 1$

2. 已知 $Y = A\overline{B} + B + \overline{A}B$ 下列结果中正确的是( )。

   A. $Y = A$

   B. $Y = B$

   C. $Y = A + B$

   D. $Y = \overline{A} + \overline{B}$

3. TTL 反相器输入为低电平时其静态输入电流为( )。

   A. -3mA

   B. $+5\text{mA}$

   C. -1mA

   D. -7mA

4. 下列说法不正确的是( )。

   A. 集电极开路的门称为 OC 门

   B. 三态门输出端有可能出现三种状态(高阻态、高电平、低电平)

   C. OC 门输出端直接连接可以实现正逻辑的线或运算

   D. 利用三态门电路可实现双向传输

5. 以下错误的是( )。

   A. 数字比较器可以比较数字大小

   B. 实现两个一位二进制数相加的电路叫全加器

   C. 实现两个一位二进制数和来自低位的进位相加的电路叫全加器

   D. 编码器可分为普通全加器和优先编码器

6. 下列描述不正确的是( )。

   A. 触发器具有两种状态,当 $Q = 1$ 时触发器处于 1 态

   B. 时序电路必然存在状态循环

   C. 异步时序电路的响应速度要比同步时序电路的响应速度慢

   D. 边沿触发器具有前沿触发和后沿触发两种方式,能有效克服同步触发器的空翻现象

7. 电路如图所示(图中为下降沿 JK 触发器),触发器当前状态 $Q_3 Q_2 Q_1$ 为 011,请问时钟作用下,触发器下一状态为( )。

   A. 110

   B. 100

   C. 010

   D. 000

132

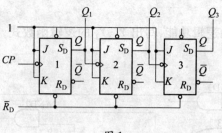

图 1

8. 下列描述不正确的是（　　）。

   A. 时序逻辑电路某一时刻的电路状态取决于电路进入该时刻前所处的状态

   B. 寄存器只能存储小量数据,存储器可存储大量数据。

   C. 主从 JK 触发器主触发器具有一次翻转性

   D. 上面描述至少有一个不正确

9. 下列描述不正确的是（　　）。

   A. E^2PROM 具有数据长期保存的功能且比 EPROM 使用方便

   B. 集成二—十进制计数器和集成二进制计数器均可方便扩展

   C. 将移位寄存器首尾相连可构成环形计数器

   D. 上面描述至少有一个不正确

二. 判断题（10 分）

1. TTL 门电路在高电平输入时,其输入电流很小,74LS 系列每个输入端的输入电流在 $40\mu A$ 以下。　　　　　　　　　　　　　　　　　　　　　　　　　　　　（　　）

2. 三态门输出为高阻时,其输出线上电压为高电平。　　　　　　　　　　　　（　　）

3. 超前进位加法器比串行进位加法器速度慢。　　　　　　　　　　　　　　　（　　）

4. 译码器哪个输出信号有效取决于译码器的地址输入信号。　　　　　　　　　（　　）

5. 五进制计数器的有效状态为 5 个。　　　　　　　　　　　　　　　　　　　（　　）

6. 施密特触发器的特点是电路具有两个稳态且每个稳态需要相应的输入条件维持。（　　）

7. 当时序逻辑电路存在无效循环时该电路不能自启动。　　　　　　　　　　　（　　）

8. RS 触发器、JK 触发器均具有状态翻转功能。　　　　　　　　　　　　　　（　　）

9. D/A 的含义是模数转换。　　　　　　　　　　　　　　　　　　　　　　　（　　）

10. 构成一个七进制计数器需要 3 个触发器。　　　　　　　　　　　　　　　（　　）

三. 计算题（5 分）

　　如图 2 所示电路在 $V_i = 0.3V$ 和 $V_i = 5V$ 时输出电压 V_o 分别为多少,三极管分别工作于什么区（放大区、截止区、饱和区）。

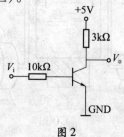

图 2

四. 分析题(24 分)

1. 分析如图 3 所示电路的逻辑功能,写出 Y_1、Y_2 的逻辑函数式,列出真值表,指出电路能完成什么逻辑功能。

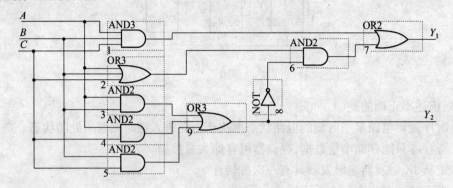

图 3

2. 分析图 4 所示的电路并回答问题。

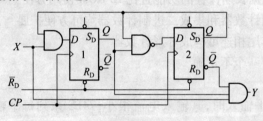

图 4

(1) 写出电路激励方程、状态方程、输出方程。

(2) 画出电路的有效状态图。

(3) 当 $X = 1$ 时,该电路具有什么逻辑功能?

五. 应用题(43 分)

1. 用卡诺图化简以下逻辑函数

① $Y = ABC + ABD + A\,\overline{C}D + \overline{C} \cdot \overline{D} + A\,\overline{B}C + \overline{A}C\,\overline{D}$

② $Y = C\,\overline{D}(A \oplus B) + \overline{A}B\,\overline{C} + \overline{A} \cdot \overline{C}D$,给定约束条件为 $AB + CD = 0$

2. 有一水箱,由大、小两台水泵 M_L 和 M_S 供水,如图 5 所示。水箱中设置了 3 个水位检测元件 A、B、C。水面低于检测元件时,检测元件给出高电平;水面高于检测元件时,检测

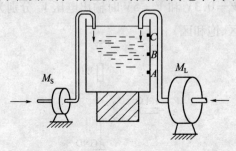

图 5

元件给出低电平。现要求当水位超过 C 点时水泵停止工作；水位低于 C 点而高于 B 点时 M_S 单独工作；水位低于 B 点而高于 A 点时 M_L 单独工作；水位低于 A 点时 M_L 和 M_S 同时工作。试用 74LS138 加上适当的逻辑门电路控制两台水泵的运行。

74LS138 的逻辑功能表见表1。

表1

输 入					输 出							
S_1	$\overline{S_2}+\overline{S_3}$	A_2	A_1	A_0	$\overline{Y_0}$	$\overline{Y_1}$	$\overline{Y_2}$	$\overline{Y_3}$	$\overline{Y_4}$	$\overline{Y_5}$	$\overline{Y_6}$	$\overline{Y_7}$
0	×	×	×	×	1	1	1	1	1	1	1	1
×	1	×	×	×	1	1	1	1	1	1	1	1
1	0	0	0	0	0	1	1	1	1	1	1	1
1	0	0	0	1	1	0	1	1	1	1	1	1
1	0	0	1	0	1	1	0	1	1	1	1	1
1	0	0	1	1	1	1	1	0	1	1	1	1
1	0	1	0	0	1	1	1	1	0	1	1	1
1	0	1	0	1	1	1	1	1	1	0	1	1
1	0	1	1	0	1	1	1	1	1	1	0	1
1	0	1	1	1	1	1	1	1	1	1	1	0

3. 74LS161 逻辑符号(图6)及功能表(表2)如下：

表2

$\overline{CR}$	$\overline{LD}$	CT_P	CT_T	CP	D_0	D_1	D_2	D_3	Q_0	Q_1	Q_2	Q_3
0	×	×	×	×	×	×	×	×	0	0	0	0
1	0	×	×	↑	d_0	d_1	d_2	d_3	d_0	d_1	d_2	d_3
1	1	1	1	↑	×	×	×	×	正常计数			
1	1	×	0	×	×	×	×	×	保持(但 $C=0$)			

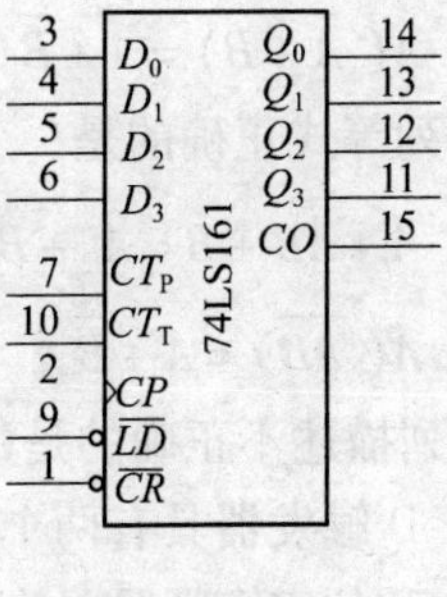

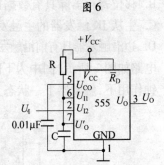

图6

（1）假定161当前状态 $Q_3 Q_2 Q_1 Q_0$ 为0101，$D_0 D_1 D_2 D_3$ 为全1，$\overline{LD}=0$，请画出在两个 CP 上升沿作用下的状态转换关系？

（2）请用复位法设计一个六进制记数器（可附加必要的门电路）。

4. 分析图7所示的电路并回答问题：

（1）该电路为单稳态触发器还是无稳态触发器？

（2）当 $R=1k\Omega$、$C=20\mu F$ 时，请计算电路的相关参数（对单稳态触发器而言计算脉宽，对无稳态触发器而言计算周期）。

图7

135

模拟测试题（二）

一、选择题（18分）

1. 下列说法正确的是（　　）。

    A. 两个 OC 结构与非门线与得到与或非门

    B. 与门不能做成集电极开路输出结构

    C. 或门不能做成集电极开路输出结构

    D. 或非门不能做成集电极开路输出结构

2. 下列说法正确的是（　　）。

    A. 利用三态门电路只可单向传输

    B. 三态门输出端有可能出现三种状态（高阻态、高电平、低电平）

    C. 三态门是普通电路的基础上附加控制电路而构成。

    D. 利用三态门电路可实现双向传输

3. TTL 反相器输入为低电平时其静态输入电流约为（　　）。

    A. $-100mA$ B. $+5mA$ C. $-1mA$ D. $-500mA$

4. 下列等式不正确的是（　　）。

    A. $\overline{ABC} = \overline{A} + \overline{B} + \overline{C}$ B. $(A+B)(A+C) = A + BC$

    C. $A(\overline{A}+B) = A + \overline{B}$ D. $AB + \overline{A}C + BC = AB + \overline{A}C$

5. 下列等式正确的是（　　）。

    A. $A + AB + B = A + B$ B. $AB + A\overline{B} = A + \overline{B}$

    C. $A(\overline{AB}) = A + \overline{B}$ D. $A\overline{A} + \overline{B + C} = \overline{BC}$

6. 下列描述不正确的是（　　）。

    A. D 触发器具有两个有效状态，当 $Q = 0$ 时触发器处于 0 态

    B. 移位寄存器除具有数据寄存功能外还可构成计数器

    C. 主从 JK 触发器的主触发器具有一次翻转性

    D. 边沿触发器具有前沿触发和后沿触发两种方式，能有效克服同步触发器的空翻现象

7. 电路如图 1 所示（图中为下降沿 JK 触发器），触发器当前状态 $Q_3 Q_2 Q_1$ 为 110，请问时钟作用下，触发器下一状态为（　　）。

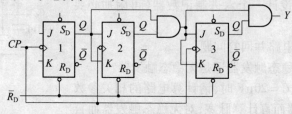

图 1

A. 101　　　　　　　B. 010　　　　　　　C. 110　　　　　　　D. 111

8. 下列描述不正确的是(　　　)。

　　A. 译码器、数据选择器、EPROM 均可用于实现组合逻辑函数

　　B. 寄存器、存储器均可用于存储数据

　　C. 将移位寄存器首尾相连可构成环形计数器

　　D. 上面描述至少有一个不正确

二、判断题(9 分)

1. 两个二进制数相加,并加上来自高位的进位,称为全加,所用的电路为全加器。(　　　)

2. 在优先编码器电路中允许同时输入 2 个以上的编码信号。　　　　　　　(　　　)

3. 利用三态门可以实现数据的双向传输。　　　　　　　　　　　　　　　(　　　)

4. 有些 OC 门能直接驱动小型继电器。　　　　　　　　　　　　　　　　(　　　)

5. 构成一个 5 进制计数器需要 5 个触发器。　　　　　　　　　　　　　　(　　　)

6. RS 触发器、JK 触发器均具有状态翻转功能。　　　　　　　　　　　　(　　　)

7. 当时序逻辑电路存在有效循环时该电路能自启动。　　　　　　　　　　(　　　)

8. 施密特触发器电路具有两个稳态,而单稳态触发器电路只具有一个稳态。　(　　　)

三、计算题(8 分)

1. 在图 2 的反相器电路中,$V_{CC} = 5V$,$V_{EE} = -10V$,$R_C = 2k\Omega$,$R_1 = 5.1k\Omega$,$R_2 = 20k\Omega$,三极管的电流放大系数 $\beta = 30$,饱和压降 $V_{CE(sat)} = 0.1V$,输入的高低电平分别为 $V_{1H} = 5V$、$V_{1L} = 0V$,计算输入高、低电平时对应的输出电平。

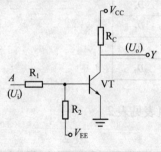

图 2

2. 已知一个 8 位权电阻 DAC 输入的 8 位二进制数码用 16 进制表示为 40H,参考电源 $U_{REF} = -8V$,取转换比例系数 $\dfrac{2R_F}{R}$ 为 1。求转换后的模拟信号电压 U。

四、分析题(24 分)

1. 用卡诺图法将下列函数化为最简与或式:

　　(1) $Y = \overline{A}\ \overline{B} + B\overline{C} + \overline{A} + \overline{B} + ABC$

　　(2) $Y(A,B,C,D) = \sum (m_3, m_5, m_6, m_7, m_{10})$,给定的约束条件为
$$m_0 + m_1 + m_2 + m_4 + m_8 = 0$$

2. 分析图 3 的电路并回答问题(触发器为 TTL 系列)

　　(1) 写出电路激励方程、状态方程、输出方程。

　　(2) 画出电路的有效状态图。

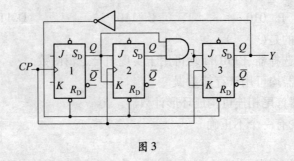

图3

（3）该电路具有什么逻辑功能。

五、应用题(41分)

1. 分析图4所示电路,写出输出 Z 的逻辑函数式。

并用卡洛图法化简为最简与或式。

8 选 1 数据选择器 CC4512 的功能表见表1。

表1

A_2	A_1	A_0	Y
0	0	0	D_0
0	0	1	D_1
0	1	0	D_2
0	1	1	D_3
1	0	0	D_4
1	0	1	D_5
1	1	0	D_6
1	1	1	D_7

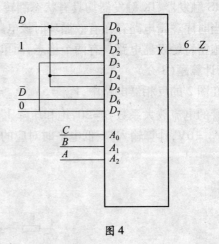

图4

2. 3 - 8 译码器 74LS138 的真值表见表2。

表2

序号	输入			输出							
	A	B	C	$\overline{Y_0}$	$\overline{Y_1}$	$\overline{Y_2}$	$\overline{Y_3}$	$\overline{Y_4}$	$\overline{Y_5}$	$\overline{Y_6}$	$\overline{Y_7}$
0	0	0	0	0	1	1	1	1	1	1	1
1	0	0	0	1	0	1	1	1	1	1	1
2	0	0	1	1	1	0	1	1	1	1	1
3	0	0	1	1	1	1	0	1	1	1	1
4	0	1	0	1	1	1	1	0	1	1	1
5	0	1	0	1	1	1	1	1	0	1	1
6	0	1	1	1	1	1	1	1	1	0	1
7	0	1	1	1	1	1	1	1	1	1	0

请利用 3 - 8 译码器和若干与或非门设计一个多输出的组合逻辑电路。

输出的逻辑式为

138

$$Z_1 = A\,\overline{C} + \overline{A}BC + A\,\overline{B}C$$

$$Z_2 = \overline{A}B + A\,\overline{B}C$$

$$Z_3 = \overline{A}B\,\overline{C} + \overline{B}\,\overline{C} + ABC$$

3. 74LS161 逻辑符号(图5)及功能表(表3)如下:

表3

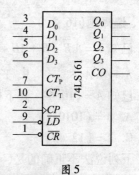

$\overline{CR}$	$\overline{LD}$	CT_P	CT_T	CP	D_0	D_1	D_2	D_3	Q_0	Q_1	Q_2	Q_3
0	×	×	×	×	×	×	×	×	0	0	0	0
1	0	×	×	↑	d_0	d_1	d_2	d_3	d_0	d_1	d_2	d_3
1	1	1	1	↑	×	×	×	×	正常计数			
1	1	×	0	×	×	×	×	×	保持(但 $C=0$)			

图5

(1) 假定161当前状态 $Q_3\,Q_2\,Q_1\,Q_0$ 为1101请问在几个 CP 上升沿作用下,CO 信号将产生下降沿?

(2)请用置数法设计一个七进制记数器(可附加必要的门电路)并画出状态图。

4. 试分析表4和图6所示电路中输入信号 U_I 的作用并解释电路的工作原理。

表4

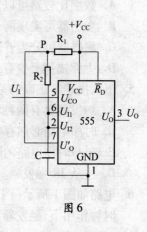

U_{I1}	U_{I2}	$\overline{R}_D$	输出 U_O	T_D 状态
×	×	0	0	导通
$>\frac{2}{3}V_{CC}$	$>\frac{1}{3}V_{CC}$	1	0	导通
$>\frac{2}{3}V_{CC}$	$<\frac{1}{3}V_{CC}$	1	1	截止
$<\frac{2}{3}V_{CC}$	$>\frac{1}{3}V_{CC}$	1	保持	保持
$<\frac{2}{3}V_{CC}$	$<\frac{1}{3}V_{CC}$	1	1	截止

图6

模拟测试题(三)

一、选择题(16 分)

1. 已知 $Y = A\bar{B} + B + \bar{A}B + \bar{A}$,下列结果正确的是( )。

    A. $Y = A$ B. $Y = B$ C. $Y = \bar{B} + \bar{A}$ D. $Y = 1$

2. 已知 $A = (10.44)_{10}$(下标表示进制),下列结果正确的是( )。

    A. $A = (1010.1)_2$ B. $A = (0A.8)_{16}$

    C. $A = (12.4)_8$ D. $A = (20.21)_5$

3. 下列说法不正确的是( )。

    A. 当高电平表示逻辑 0、低电平表示逻辑 1 时称为正逻辑

    B. 三态门输出端有可能出现三种状态(高阻态、高电平、低电平)

    C. OC 门输出端直接连接可以实现正逻辑的线与运算

    D. 集电极开路的门称为 OC 门

4. 以下错误的是( )。

    A. 数字比较器可以比较数字大小

    B. 半加器可实现两个一位二进制数相加

    C. 编码器可分为普通全加器和优先编码器

    D. 上面描述至少有一个不正确

5. 下列描述不正确的是( )。

    A. 触发器具有两种状态,当 $Q = 1$ 时触发器处于 1 态

    B. 时序电路必然存在状态循环

    C. 异步时序电路的响应速度要比同步时序电路的响应速度慢

    D. 主从 JK 触发器具有一次变化现象

6. 电路如图 1 所示(图中为上升沿 JK 触发器),触发器当前状态 $Q_3 Q_2 Q_1$ 为 100,请问在时钟作用下,触发器下一状态($Q_3 Q_2 Q_1$)为( )。

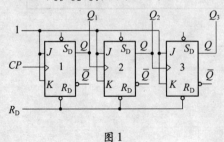

图 1

    A. 101   B. 100   C. 011   D. 000

7. 电路如图 2 所示,已知电路的当前状态 $Q_3 Q_2 Q_1 Q_0$ 为 1100,74LS191 具有异步置数的逻辑功能(表 1),请问在时钟作用下,电路的下一状态($Q_3 Q_2 Q_1 Q_0$)为( )。

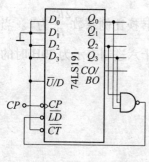

图 2

表 1

$\overline{LD}$	$\overline{CT}$	$\overline{U}/D$	CP	D_0	D_1	D_2	D_3	Q_0	Q_1	Q_2	Q_3
0	×	×	×	d_0	d_1	d_2	d_3	d_0	d_1	d_2	d_3
1	0	0	↑	×	×	×	×	加法计数			
1	0	1	↑	×	×	×	×	减法计数			
1	1	×	×	×	×	×	×	保持			

A. 1100   B. 1011   C. 1101   D. 0000

8. 下列描述不正确的是(   )。

   A. E^2PROM 具有数据长期保存的功能,且比 EPROM 在数据改写上更方便

   B. DAC 的含义是数—模转换、ADC 的含义是模—数转换

   C. 积分型单稳触发器电路只有一个状态

   D. 上面描述至少有一个不正确

二、判断题(9 分)

1. TTL 输出端为低电平时带拉电流的能力为 5mA。   (   )

2. TTL、CMOS 门中未使用的输入端均可悬空。   (   )

3. 当决定事件发生的所有条件中任一个(或几个)条件成立时,这件事件就会发生,这种因果关系称为与运算。   (   )

4. 将代码状态的特点含义"翻译"出来的过程称为译码。实现译码操作的电路称为译码器。   (   )

5. 设计一个三进制计数器可用两个触发器实现。   (   )

6. 移位寄存器除了可以用来存入数码外,还可以利用它的移存规律在一定的范围内构成任意模值 n 的计数器,所以又称为移存型计数器。   (   )

7. 判断时序逻辑电路能否自启动可通过判断该电路是否存在有效循环来实现。   (   )

8. 施密特触发器电路具有两个稳态,而多谐振荡器电路没有稳态。   (   )

9. DRAM 需要定期刷新,因此,在微型计算机中不如 SRAM 应用广泛。   (   )

三、计算题(8 分)

1. 在如图 3 所示电路中,$V_{CC} = 5V$,$V_{BB} = 9V$,$R_1 = 5.1k\Omega$,$R_2 = 15k\Omega$,$R_C = 1k\Omega$,$\beta = 40$,请计算 U_I 分别为 5V、0.3V 时输出 U_O 的大小?

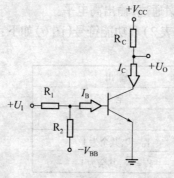

图 3

2. 已知一个 8 位权电阻 DAC 系统的参考电源 $U_{REF} = -16V$,转换比例系数 $\dfrac{2R_F}{R}$ 为 1。当输入最大时输出近似为 16V,请求当 8 位二进制输入数码用十六进制表示为 30H 时的模拟信号输出电压 U_0。

四、分析题(24 分)

1. 分析图 4 所示电路并回答问题:

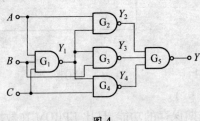

图 4

(1) 写出 Y_1、Y_3、Y 的输出表达式。

(2) 列出输出 Y 的真值表。

(3) 说明电路的逻辑功能。

2. 分析图 5 所示电路并回答问题(触发器为 TTL 系列,分析时请考虑异步复位信号的作用)。

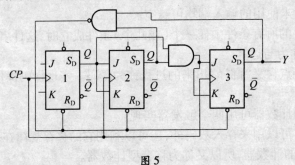

图 5

(1) 写出电路激励方程、状态方程、输出方程。

(2) 画出电路的有效状态图。该电路具有什么逻辑功能并说明能否自启动。

五、应用题(43 分)

1. 请用 74LS138 设计一个三变量的多数表决电路。具体要求如下:

(1) 输入变量 A、B、C 为高电平时表示赞同提案;

(2) 当有多数赞同票时提案通过,输出高电平。

74LS138 的译码器真值表(表 2)和功能符号(图 6)如下:

表 2

S_T	$\overline{S_1} + \overline{S_2}$	A_2	A_1	A_0	输出
0	×	×	×	×	全 1
×	1	×	×	×	全 1
1	0	0	0	0	$\overline{Y_0} = 0$,其余为 1
1	0		m_i		$\overline{Y_i} = m_i$,其余为 1

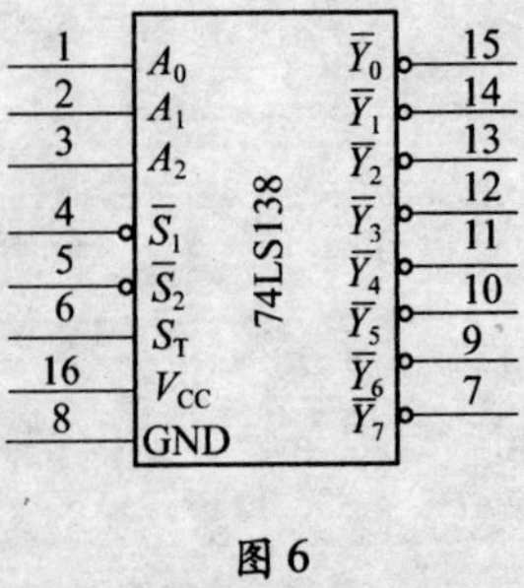

图 6

2. 请用卡诺图化简下面的逻辑函数：

$$Y = (A \otimes B)C\overline{D} + \overline{A}B\,\overline{C} + \overline{A}\,\overline{C}D$$

给定约束条件为 $\qquad\qquad AB + CD = 0$

3. 74LS161 逻辑符号（图7）及功能表（表3）如下：

表3

$\overline{CR}$	$\overline{LD}$	CT_P	CT_T	CP	D_0	D_1	D_2	D_3	Q_0	Q_1	Q_2	Q_3
0	×	×	×	×	×	×	×	×	0	0	0	0
1	0	×	×	↑	d_0	d_1	d_2	d_3	d_0	d_1	d_2	d_3
1	1	1	1	↑	×	×	×	×	正常计数			
1	1	×	0	×	×	×	×	×	保持(但 $C=0$)			
1	1	0	1	×	×	×	×	×	保持			

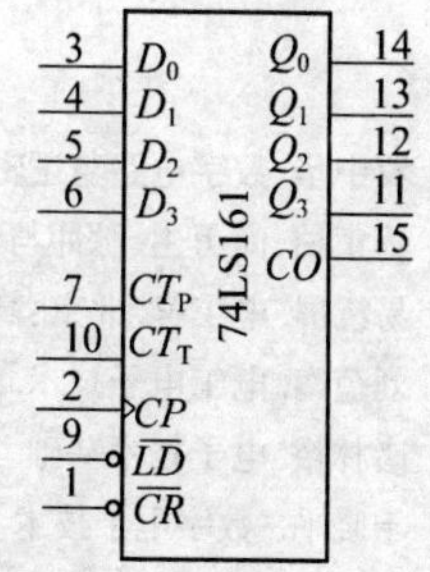

图7

（1）若161当前状态 $Q_3Q_2Q_1Q_0$ 为 0111，$D_0D_1D_2D_3$ 为全1，$\overline{LD}=0$ 并保持，请画出在两个 CP 上升沿作用下的状态转换关系？

（2）请用清零法设计一个八进制记数器（可附加必要的门电路）。

4. 请用555定时器实现一个单稳态触发电路（暂态时间为1s），555定时器功能表（表4）及逻辑符号（图8）如下：

表4

U_{I1}	U_{I2}	$\overline{R}_D$	输出 U_O	T_D 状态
×	×	0	0	导通
$> \frac{2}{3}V_{CC}$	$> \frac{1}{3}V_{CC}$	1	0	导通
$> \frac{2}{3}V_{CC}$	$< \frac{1}{3}V_{CC}$	1	1	截止
$< \frac{2}{3}V_{CC}$	$> \frac{1}{3}V_{CC}$	1	保持	保持
$< \frac{2}{3}V_{CC}$	$< \frac{1}{3}V_{CC}$	1	1	截止

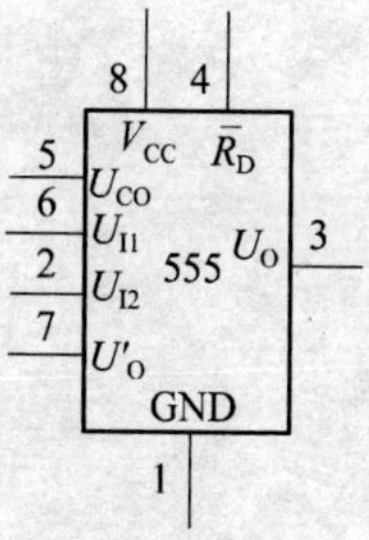

图8

参 考 文 献

[1] 罗中华. 数字电路与逻辑设计教程. 北京:电子工业出版社,2006.

[2] 蒋正柏,尚勇主. 脉冲与数字电路. 第2版(修订本). 北京:中国商业出版社,1999.

[3] 易沉屏. 电工学. 北京:高等教育出版社,1993.

[4] 刘蕴陶. 电工电子技术. 北京:高等教育出版社,2005.

[5] 诸林裕. 电子技术基础. 第3版(修订本). 北京:中国劳动社会保障出版社,2001.

[6] 于晓平. 数字电子技术. 北京:清华大学出版社,2006.

[7] 杨建宁. 数字电子技术. 南京:东南大学出版社,2007.

[8] 侯建军. 数字电子技术基础. 北京:高等教育出版社,2007.

[9] 范文兵. 数字电子技术基础. 北京:清华大学出版社,2007.

[10] 申凤琴. 电工电子技术基础. 北京:机械工业出版社,2009.

[11] 杨志忠. 数字电子技术. 北京:高等教育出版社,2003.

[12] 黄国祥. 数字电子技术. 武汉:湖北科学技术出版社,2008.

[13] 徐新艳. 数字电路. 北京:电子工业出版社,2006.